高等学校测绘工程系列教材

摄影测量实验教程

邓非　闫利　编著

WUHAN UNIVERSITY PRESS
武汉大学出版社

图书在版编目（CIP）数据

摄影测量实验教程/邓非,闫利编著.—武汉:武汉大学出版社,2012.5
(2023.1 重印)
高等学校测绘工程系列教材
ISBN 978-7-307-09651-6

Ⅰ.摄…　Ⅱ.①邓…　②闫…　Ⅲ.摄影测量—实验—高等学校—教材
Ⅳ.P23-33

中国版本图书馆 CIP 数据核字（2012）第 047502 号

责任编辑:王金龙　　责任校对:黄添生　　版式设计:支　笛

出版发行:**武汉大学出版社**　（430072　武昌　珞珈山）
（电子邮箱:cbs22@whu.edu.cn 网址:www.wdp.com.cn）
印刷:武汉科源印刷设计有限公司
开本:787×1092　1/16　印张:15.5　字数:379 千字
版次:2012 年 5 月第 1 版　2023 年 1 月第 3 次印刷
ISBN 978-7-307-09651-6/P・198　　定价:26.00 元

前　　言

摄影测量学发展至今，经历了主要的三个发展阶段：模拟摄影测量、解析摄影测量、数字摄影测量。数字式计算机的诞生与发展，使得摄影测量由模拟摄影测量进入解析摄影测量，也伴随着产生了"4D"数字产品。随着计算机技术的进一步发展和数字图像处理、模拟识别等技术在摄影测量领域的应用，用影像匹配技术代替人眼观测，采用数字方式实现摄影测量自动化，促使摄影测量开始进入数字摄影测量阶段。

全数字摄影测量时代，随着成像模型理论的发展、新型传感器的研制成功、空天对地观测技术的不断成熟，无论是在数据获取、数据处理还是数据的应用方面，摄影测量的硬件和软件、理论和技术方面都取得了巨大进展：携带有高精度 POS 系统的数字航摄仪及全数字摄影测量系统的应运而生，大大提高了摄影测量内外业作业效率；低空无人摄影平台日趋成熟，以其机动灵活、设备和维护成本低、可获得厘米级分辨率影像数据等特点，填补了空天摄影测量对局部地区高精度数据获取能力不足的空白；卫星测绘成为具有广泛应用价值的测图技术手段，改变了传统的大规模地形测图方式，呈现出卫星影像和航空影像并存的局面。

目前，关于摄影测量原理的书籍和教材众多，但尚无指导实践的摄影测量实习教程，本书在讲述摄影测量基本原理与方法的基础上，对摄影测量的作业流程作了全面系统阐述，并针对每一具体环节安排相应实验内容，旨在通过实践让学生掌握摄影测量 4D 产品的制作流程，更好地理解摄影测量的原理与方法。此外，本书在介绍摄影测量技术流程的基础之上，针对近年来兴起的机载线阵摄影测量及卫星摄影测量技术，对其成像原理和数据处理方法进行了简要阐述和实验介绍。

本书编写的目的是指导学生通过实践理解摄影测量技术的基本原理和方法，掌握框幅式光学航空影像的 4D 产品制作，并了解新型航天航空线阵传感器的数据处理方法。

全书分为 13 章，第 1 章简述了摄影测量学的发展现状；第 2 章介绍了数字摄影测量系统的构成及主流产品；第 3 章到第 11 章分别对摄影测量作业流程的各个具体环节作了单独阐述并加以实验讲解，包括航空摄影、像片调绘、空三加密、模型定向和核线重采样、影像匹配、立体测图、DEM 生成、DOM 制作；第 12 章介绍了机载线阵影像的数据处理流程；第 13 章介绍了卫星测图原理及利用卫星影像生成 4D 产品的具体流程；

本书主要章节由邓非和闫利完成。武汉大学测绘学院教师朱惠萍、徐芳、詹总谦以及研究生徐国杰、杨茜、胡琪等参加了部分编写工作。感谢武汉航天远景公司的聂丹和杜子云先生为本书提供的大力帮助。

本书可作为测绘工程专业本科生实习教材，也可供从事测绘行业的工程技术人员学习和参考。

由于作者水平有限，加之时间仓促，书中难免存在诸多不足与不妥之处，敬请读者指出。

编　者

2012 年 3 月于武汉大学

目　　录

3

第1章 绪 论

1.1 摄影测量发展现状

随着测绘科学技术的不断发展，航空摄影测量由传统的光学航片进入了数码航片时代，数码航空摄影测量已成为了当今测绘的发展趋势。同时卫星平台搭载的传感器使航天摄影测量也得到了空前发展，《2005—2020 年国家中长期科技发展规划纲要》指出：发展基于卫星、飞机和平流层飞艇的高分辨率（dm 级）先进对地观测系统，发射一系列的高分辨率遥感对地观测卫星，建成覆盖可见光、红外、多光谱、超光谱、微波、激光等观测谱段的高中低轨道结合的具有全天时、全天候、全球观测能力的大气、陆地、海洋先进观测体系。

当前，作为航空摄影数字信息技术发展时期的重要代表，各种规格、不同型号的数字航摄仪相继推出，其中具有代表性的数字航摄仪包括 Leica 公司的线阵航空数字传感器 ADS40/80、美国 Z/I 公司 Imaging 研究开发的数字航测相机 DMC、Microsoft（Vexcel）公司生产的 Ultracam-D（UCD、UCX）等多面阵数字传感器。国内方面，由刘先林院士领衔研制的有我国自主知识产权的 SWDC-4（Si Wei Digital Camera）也已经由四维远见公司成功推出。

在摄影测量的硬件方面向数据采集的全面数字化方向发展的同时，软件方面的数据处理也已经开始步入全数字摄影测量时代：新一代全数字摄影测量系统的出现和应用极大地提高了摄影测量的作业效率，并向集群化方向发展，具有代表性的是法国 INFOTERRA 公司研制开发的像素工厂（Pixel Factory，PF）和由武汉大学的张祖勋院士领衔研制的数字摄影测量网格系统（DPGrid）。

1.1.1 摄影测量发展历程

摄影测量经历了模拟摄影测量、解析摄影测量，现在发展到了数字摄影测量阶段。从测绘的角度看，数字摄影测量还是利用影像来进行测绘的科学与技术；而从信息科学和计算机视觉科学的角度来看，它是利用影像来重建三维表面模型的科学与技术，也就是在"室内"重建地形的三维表面模型，然后在模型上进行测绘。因此，从本质上来说，它与原来的摄影测量没有区别。因而，在数字摄影测量系统中，整个生产流程与作业方式，与传统的摄影测量差别似乎不大，但是它给传统的摄影测量带来了巨大的变革。

在 20 世纪 30 年代，针对当时的模拟摄影测量仪器，德国著名的摄影测量专家 V. Gruber 给摄影测量下了这样的定义："摄影测量是一种技术，它可以避免计算。"这是因为，模拟摄影测量仪器解决了传统野外测量中前方交会、后方交会的计算问题。实质上，当时的模拟摄影测量仪器本身就是一台精密的、机械的、模拟计算器。该"计算器"

用两根精密的空间导杆模拟前方交会，从像点坐标直接解算，给出其模型坐标。因此，当时的模拟测量仪器，多称为自动测图仪（Autograph）。所谓自动，就是可以避免人工的计算。从这个角度来说，摄影测量当时就与计算联系在一起，而不是真正的不需要计算。但是所谓自动，它并不是可以离开作业员的观测进行自动测图，而只是避免了人工的计算，不需要人工用"对数表"或机械的手摇计算机，进行前方交会和后方交会计算。由于当时的摄影测量与各种各样的模拟摄影测量仪器紧密地联系在一起，因此，当时的教学和研究的内容多数是围绕着模拟摄影测量仪器展开的。

到了解析摄影测量的时代，精密的机械导杆被共线方程——又称为"数字导杆"所代替，简化了仪器的结构，形成了解析测图仪。然而利用六个标准点位进行相对定向仍然没有变化，人们只需观测六个标准点位的上下视差，计算机就能自动解算相对定向的元素。计算的过程虽然还是迭代的过程，但是，作业员的作业中避免了迭代过程，从而加快了定向速度。在解析摄影测量时代，由于数字电子计算机的发展与引入，摄影测量的严密解算成为可能。从而，空中三角测量的严密解算、各种区域网平差模型、粗差检测、可靠性的理论等，成为解析摄影测量时代的热点与重点。与模拟摄影测量时代相比，解析摄影测量的教学、科研的内容要宽得多，而且研究已经不再仅仅围绕测量的仪器展开。这时，摄影测量不仅需要利用计算机进行大量的计算，而计算机的发展与应用，引起了测量一次深刻的变革。但是，无论是模拟摄影测量或者是解析摄影测量，都离不开人的双眼分别照准左、右影像上的同名点，因此，它们都不可能实现真正意义上的"自动化"。

今天，由于数字摄影测量的发展，计算机不仅可以代替人工进行大量的计算，而且已经完全可能代替人眼来识别同名点，从而为摄影测量开辟了真正的自动化道路。它不仅大大提高了生产效率，而且在某些领域，在传统的摄影测量观念认为是一些最基本的内容上，正在发生观念性的变革。

数字摄影测量利用一台计算机，加上专业的摄影测量软件，就代替了过去传统的、所有的摄影测量的仪器。其中包括纠正仪、正射投影仪、立体坐标仪、转点仪、各种类型的模拟测量仪以及解析测量仪。这些仪器设备曾经被认为是摄影测量界的骄傲，但是，目前除解析测图仪还有少量的生产外，其他所有的摄影测量光机仪器已经完全停止生产。这种发展已经引起了产业界的变革，即精密的光学、机械制造业转为信息产业。

1.1.2　数字摄影测量的新发展

2000 年 ISPRS 阿姆斯特丹大会上第一个商用数字航摄仪的推出，标志着摄影测量步入包括影像获取的数字化在内的全数字摄影测量时代，其后，无论是在数据获取、数据处理还是数据的应用方面，摄影测量的硬件和软件、理论和技术方面都取得了巨大的发展，而且这种发展还将持续下去。数字摄影测量的新发展主要体现在以下几个方面：

1. 数字航摄仪的普及应用

随着 ADS40、DMC、UltraCAM 和 SWDC 等数字航摄仪的推出和普及，航空数码相机的技术日益成熟，大有取代传统模拟航摄仪之势。数字航摄仪具有体积小、重量轻、高分辨率、高几何精度等优点，而且对天气条件要求不再苛刻，能够在阴云天气下进行摄影。数字航摄仪的技术优势在于不增加飞行成本的条件下，获取大重叠度的影像数据，多视影像中相邻影像间的变形较小。如果采取多基线摄影测量的方法，将多幅相邻影像同时处理，则可以大大增加交会角，提高影像匹配、立体测图和三维重建的精度和可靠性。另外，数字航摄仪可以同时携带多个镜头，同时获取测区的全色、彩色、近红外和多光谱影像，这也是模拟航摄仪所不及的。

数字航摄仪可携带有高精度的 POS 系统，摄影的同时可以获得较高精度的外方位元素，减少传统航摄对控制点数量的要求，甚至可以直接利用获取的外方位元素进行定向。所以数字航摄仪和 POS 系统的结合极大地减少了摄影测量的外业工作，提高了整个作业的效率。

数字航摄仪直接获取的数字影像，只需要很少的处理便可以用于数据生产，使内业处理流程大大简化，产品的形式多种多样。数字航摄仪可以在很短的时间内获取测区的多种形式的海量数据，极大地丰富了数据和产品的形式，但是也对内业处理提出了很高的要求。以前在每台计算机相互独立的完成内业处理的整个流程的作业方式，已经不能满足海量数据快速处理的要求。这时，全数字摄影测量系统应运而生。

2. 新一代全数字摄影测量系统（DPS）

虽然数字摄影测量工作站（DPW）利用许多数字图像处理、模式识别、影像匹配技术为摄影测量赋予了许多自动化技术，但从本质上而言，DPW 还仅仅是用计算机模拟传统的摄影测量，没有深层次的变化。同时它的出现不可能脱离当时的计算机发展水平。

DPW 按单"台、件"的作业方式，再也不能满足高分辨率卫星影像、线阵与面阵航空数码相机、LiDAR、POS 等新一代传感器系统带来的海量数据快速处理的需求。考虑当前计算机网络、集群处理技术的迅速发展，将网络与计算机集群处理技术充分地应用于新一代的数字摄影测量系统（是系统而不再是工作站），使数字摄影测量发展到一个新的台阶。

新一代的数字摄影测量系统（DPS）已经开始应用于国家基础测绘、城市基础地理信息动态更新、国土资源调查等特大型工程项目中，彰显了 DPW 无法比拟的优越性。比如国际一流的遥感影像自动化处理系统像素工厂，它集自动化、并行处理、多种影像兼容性、远程管理等特点于一身，通过机柜系统解决海量数据问题，大大缩短了数码相机影像处理的周期。还有国内的 DPGrid，它引入了摄影测量的最新的理论研究成果；实现了基于网络与集群计算机进行数字摄影测量的并行处理，将自动化处理与人机协同处理完全分开，合理组织，建立人机协同的网络全无缝测图系统，极大地提高了数字摄影测量作业的效率。

新一代全数字摄影测量系统的出现是摄影测量界从 DPW 到 DPS 的一次变革，代表了摄影测量数据处理的新方向。

3. 低空无人机摄影测量

虽然目前空天遥感数据的获取手段丰富多样，但是各种不同的获取方式也存在各自的限制：卫星遥感平台受轨道的限制，每天过顶的时间固定，无法实现应急观测；航空遥感在恶劣的天气条件下，出于安全考虑，载人飞机往往无法升空作业，微波遥感等手段虽然不受云和天气的影响，但由于探测原理的差异，并不能替代可见光和红外遥感在实际应用中的地位；机载 LiDAR 由于硬件设备成本太高，在国内还没有普及应用。此外，传统航空航天遥感获取影像资料的成本也较高，不利于遥感在各应用领域更广泛的发展。低空无人机摄影测量系统以其机动灵活、设备和维护成本很低、可获得厘米级分辨率影像数据等特点，填补了空天摄影测量对局部地区高精度数据获取能力不足的空白。

无人机摄影测量系统是具有 GPS 导航、自动测姿测速、远程数控及监测的无人机低

3

空定时摄影系统，系统以无人驾驶飞行器为飞行平台，以高分辨率数字遥感设备为机载传感器，以获取低空高分辨率遥感数据为应用目标，主要用于地理数据的快速获取和处理。该系统利用单反数码相机、GPS、自动测姿测速设备、数传电台获取"数字城市"必需的影像数据、摄站坐标、摄影姿态；利用相关设备和程序实现影像纠正参数的初始标准化；利用数字摄影测量软硬件进行影像纠正拼接。从而为制作正射影像、地面模型或基于影像的城市测绘提供最简捷、最可靠、最直观的应用数据.

无人机航摄系统是传统航空摄影测量手段的有力补充，具有机动灵活、高效快速、精细准确、作业成本低、升空准备时间短、操作控制容易、可使用普通数码相机作为传感器等特点，在小区域和飞行困难地区高分辨率影像快速获取方面具有明显优势，可广泛应用于国家重大工程建设、灾害应急处理、国土监察、资源开发、新农村和小城镇建设等方面的测绘业务。

4. 机载/地面激光雷达

激光雷达（Light Detection And Ranging，LiDAR）测量技术是从 20 世纪后期逐步发展起来的一门高端技术，上世纪 90 年代后期和 2000 年后才在国内外进入商业应用领域。

机载激光雷达测量技术的发展为我们获取高时空分辨率的地球空间信息提供了一种全新的技术手段，使我们从传统的人工单点数据获取变为连续自动数据获取，不仅提高了观测的精度和速度，而且使数据的获取和处理朝着智能化和自动化的方向发展。

机载激光雷达（Airborne Laser Scanning，ALS）能够获取高精度、高空间分辨率的数字地面模型，进而获取地表物体的垂直结构形态，同时配合地物的视频、彩色或红外成像，更加增强了对地物的认知和识别能力，在三维地理信息空间的数据采集方面有广阔的发展前景；能部分地穿透树林遮挡，直接获取真实地面的高精度三维地形信息，在这个方面具有传统航测手段没有的优势；能不受日照和天气条件的限制，全天候地进行观测，这能够使它在很多场合作为其他传感器的一种有效补充。机载激光雷达既可以作为数据采集的一种技术手段，又可以同其他的技术集成使用，如集成传统的航空摄影机、CCD 相机及红外遥感器等，组成一套新的功能强大的遥感系统，为地球空间信息智能化的处理提供新的融合数据源。

地面激光雷达（Terrestrial Laser Scanning，TLS）是随空间点阵扫描技术和激光无反射棱镜长距离快速测距技术的发展而产生的一种新的测绘技术。地面激光雷达摒弃了传统地形测绘的单点数据采集方式，而采用密集、连续的高精度扫描测量，进而得到完整的、全面的、连续的、关联的全景点的三维坐标。具有点位测量精度高、采集空间点的密度大、速度快、不需要建立控制点等特点，而且融合了激光反射强度和物体色彩信息，可以真实描述目标的整体结构、形态特征和光谱特征，为测量目标的识别分析提供了更为丰富的研究内容。

地面激光雷达有着极高的工作效率，可以大大增加工程的进度，检测并获得可靠的精度。由于其获取空间数据的方式和数据处理的特点，满足了空间信息获取和表达的需要，因而很快得到了测绘领域的广泛关注，在土木工程、工业设计、地面模型、路桥设计、船舶建造、地理数据采集、现场保护、露天煤矿、建筑检测等很多领域获得了成功的应用，成为地面近景摄影测量的一项新的方向。

5. 航天/卫星摄影测量

对航天摄影测量的研究始于 20 世纪 60 年代，70 年代随着空间技术和测绘仪器的发展而进步，80 年代趋于实用，90 年代随着高分辨率遥感卫星的发射进入发展的新阶段，到了 21 世纪，航天摄影测量才呈现出空前的大发展姿态。

进入 21 世纪，随着成像模型理论的发展、新型卫星传感器的研制成功、星载对地观测技术的不断成熟，一批高分辨率遥感卫星相继发射。具有立体成像能力的遥感卫星的地面分辨率从 10m 级发展到了现在的 0.4m，甚至向更高分辨率发展，已经达到了航空摄影影像分辨率的水平，出现了立体卫星影像和立体航空影像并存的局面，卫星测绘成为一种具有广泛应用价值的测图技术手段，改变了传统的大规模地形测图的生产方式。

1.1.3 数字摄影测量的产品

过去，传统的摄影测量主要是用来测图，在国内主要还是线划图。因此，摄影测量与用户的界面就是一个地图的概念。但是，随着数字摄影测量时代的到来，摄影测量的产品的概念获得了拓宽。

（1）附有内、外方位元素的影像资料。从传统的摄影测量而言，摄影的影像，只是原始的资料。而摄影测量空中三角测量提供的加密成果，影像的内方位元素、外方位元素已经是已知数据，用户就可以直接利用该数字影像的内、外方位元素、影像数据与 DEM 直接生成该地区的正射影像图。

（2）数字表面模型 DSM。传统的摄影测量都是以地形为准，所以它必须表达地形的等高线，DSM 通常被认为是无用的信息。然而 DSM 同样非常重要，在森林地区，可以用于检测森林的生长情况；在城区，DSM 可以用于检查城市的发展情况。

（3）数字地面模型 DEM 是数字摄影测量的重要信息，到目前为止，虽然 DEM 的数据格式的标准化等问题尚未统一，但 DEM 可以作为一个标准的产品进行销售。

（4）传统的线划图 DLG 无疑是摄影测量的重要产品。其信息可以直接进入 GIS 系统或各种 CAD 系统，为各种工程设计提供数据。

（5）正射影像图 DOM 及真正射影像图（TDOM），按传统的观念正射影像图是一种辅助图种，但目前越来越受到重视，被视为快速成图与更新的重要手段。

（6）由正射影像加数字地形所产生的自然环境的三维景观，由城市的正射影像、地形数据、建筑物的量测数据、房顶与墙面的影像纹理数据所产生的城市环境的三维景观，已经为计算机可视化、计算机模拟、计算机动画、仿真、虚拟现实、土地与城市规划提供了数据，这为数字摄影测量的应用开辟了极为广阔的前景。

图 1-1 所示是常见的四种数字产品。

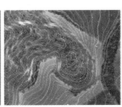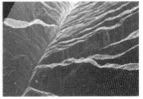

图 1-1　4D 产品

1.2 摄影测量作业流程

航空摄影测量的整个流程主要包括航空摄影和初步数据处理得到初始数据（包括定位定向数据、相机文件、影像数据）、外业控制测量得到控制点文件、内业处理得到最终产品这三个环节。

航空摄影是摄影测量的第一步，一般是由用户单位提出航摄要求并制订任务书，航摄单位根据用户单位的航摄任务书制订航摄计划和技术方案设计，经用户同意后报经航飞主管部门，申请进行航飞拍摄。航空摄影获得的原始数据一般都要经过一个初始的处理，生成用户可用的数据，包括相机文件，初始外方位元素和影像数据。航拍数据的初步处理一般都是由航飞单位来完成，然后把初始产品提供给用户单位。

用户单位一般都是直接从事生成的单位，拿到初步的数据后，还要经过进一步的加工，生成所需要的数字产品供自己单位使用或作为商品。在数据加工之前，一般还要求做一定的外业刺点和控制测量，得到的控制点文件是数据加工中必备的已知数据，而影像的初始外方位元素一般只做辅助数据。一个测区一般只需要采集少数的控制点，利用这些控制点在内业中进行空三加密，得到密集的控制点，或者直接利用少数控制点文件，以初始外方位元素为辅助直接进行整个测区的定向，求取所有航带影像的外方位元素的精密解，再用以数据的后续加工。

数据加工的最终产品时包括 DLG、DEM 和 DOM 在内的数字产品以及由这三种产品联合其他数据再加工得到的其他数字产品，如数字城市、三维真实景观等。在进行数字化测图生成初始的 DLG 时，一般还要求要进行外业调绘，对 DLG 进行地图综合和补充描绘，生成最后的 DLG 产品。

摄影测量得到的初始产品和最终产品既可作为独立的产品，也可输入到 GIS 数据库，作为地理信息系统的基础和支撑数据服务于其他领域。

航空摄影测量的整个流程如图 1-2 所示。

1.3 实 验 安 排

根据测绘工程及相关专业摄影测量学课程教学要求，本书安排了以下 11 个实验：

1. 航摄计划编写实验
2. 像片调绘实验
3. 立体显示实验
4. 光束法区域网平差实验
5. 立体影像绝对定向实验
6. 数字立体测图综合实验
7. 影像匹配实验
8. 地形特征线采集与 DEM 内插实验
9. DOM 制作实验
10. ADS40 线阵影像数据处理实验
11. 卫星影像数据处理实验

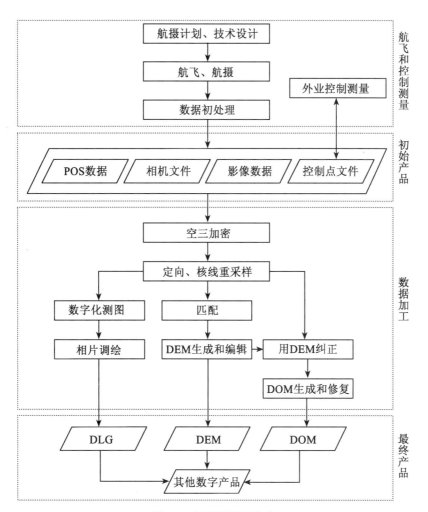

图 1-2 摄影测量总流程

第2章 数字摄影测量系统

数字摄影测量系统（Digital Photogrammetry System，DPS）以及数字摄影测量工作站（Digital Photogrammetry Workstation，DPW），美国的摄影测量学者还习惯称为软拷贝（softcopy）摄影测量工作站，是目前摄影测量软件处理平台的几个称谓。数字摄影测量系统是对影像进行自动化量测与识别，完成摄影测量作业的所有软、硬件构成的系统。目前，全世界已有众多商用数字摄影测量系统问世，本章将对一些主流产品做介绍。

随着数字摄影测量技术的理论研究，软硬件的持续更新和相关学科技术的快速发展，数字摄影测量系统的软硬件组成、系统结构、作业模式以及生产的产品和其表达形式都在不断的发展变化中。下面我们将对数字摄影测量系统的最新版本软硬件组成、系统功能及其产品方面做介绍。

2.1 数字摄影测量系统构成

2.1.1 硬件组成

数字摄影测量系统的硬件主要由计算机及其外部设备组成。其中计算机可以是个人计算机、集群计算机（多台个人计算机联网组成）、小型机和工作站。外部设备一般包括立体观测设备、操作控制设备和输入输出设备等。

（1）计算机：可以是个人计算机或工作站，计算机显示器可以配备单显示器和双显示器。比如JX-4就需要每台主机配备两台显示器。

（2）立体观测装置：可以是红绿眼镜、立体反光镜、闪闭式液晶眼镜、偏振光眼镜等。

（3）操作控制设备有手轮、脚盘、鼠标等。

（4）输入输出设备：输入设备主要指胶片影像的数字化扫描仪，输出设备主要包括矢量绘图仪和栅格绘图仪等。

2.1.2 软件组成及主要功能

数字摄影测量系统的软件由数字影像处理软件、模式识别软件、解析摄影测量软件及辅助功能软件组成。

（1）数字影像处理软件主要包括：

- 影像增强
- 特征提取
- 影像旋转

各系统影像处理的功能各有不同，有些系统含基本的影像处理功能，如影像增强，几

8

何变换等，有少数系统含有较强的影像处理系统，比如徕卡的 LPS 已经内嵌到 ERDAS 的主面板内，几乎可以利用所有 ERDAS 的图像处理功能。

（2）模式识别软件主要包括：

- 特征识别与定位，如框标的识别与定位
- 影像匹配

（3）解析摄影测量软件主要包括：

- 定向参数的计算

①内定向：在框标的自动与半自动识别的基础上，准确量测框标的影像坐标，计算扫描坐标系与像片坐标系间的变换参数。

②相对定向：自动提取影像中的特征点，进行相关计算寻找同名像点，计算相对定向参数。

③绝对定向：现阶段由人工量测控制点的影像坐标，然后计算绝对定向元素。

- 自动空中三角测量

包括自动内定向、自动转点、粗差剔除、控制点半自动量测与区域网平差解算等。数字摄影测量利用影像匹配代替人工转刺，自动选取较多的连接点，利于剔除粗差、提高可靠性，也极大地提高了空中三角测量的效率。

- 核线关系解算
- 数字微分纠正
- 数值内插
- 坐标变换
- 投影变换

（4）辅助功能软件包括：

- 数据输入输出
- 数据格式转换
- 质量报告
- 注记
- 图廓整饰
- 人机交互

2.2　数字摄影测量工作站

自 1992 年 ISPRS 华盛顿大会上首次推出可用于生产的商用数字摄影测量工作站（DPW）以来，各种功能特点大同小异的 DPW 相继问世，其中较有代表性的有国内的 VirtuoZo、JX4 和 MapMatrix，国外的 inpho、Imagestation SSK、LPS 等。

2.2.1　VirtuoZo 数字摄影测量工作站

VirtuoZo 是由武汉大学于 20 世纪 70 年代中期开始研发的全数字摄影测量工作站。VirtuoZo 为用户提供了从自动空中三角测量到测绘地形图的全套整体作业流程解决方案，大大改变了我国传统的测绘模式。VirtuoZo 大部分的操作不需要人工干预，可以批处理地自动进行，用户也可以根据具体情况灵活选择作业方式，提高了行业的生产效率。它不仅是制作各种比例尺的 4D 测绘产品的强有力的工具，也为虚拟现实和 GIS 提供了基础数据，是 3S 集成、三维景观和城市建模等最强有力的操作平台。

1. 主要功能模块

（1）V-Base 模块：

- 基本数据、影像输入与参数设置
- 图廓整饰
- 数据输出
- 三维立体景观显示
- 批处理、质量报告与基本影像处理功能

（2）V-Orient 模块：

- 全自动内定向
- 全自动相对定向
- 半自动立体绝对定向
- 生成核线影像

（3）V-Sortho：

- 单片定向求外方位元素
- DEM 输入（USGS 格式）
- 矢量等高线（DXF 格式）输入生成 DEM

（4）V-Matching：

- 影像匹配预处理
- 影像匹配
- 匹配结果的显示和编辑

（5）V-DEM：

- 自动生成 DTM/DEM
- 自动/半自动量测离散点建立 DEM
- DEM 自动拼接
- 自动绘制等高线

（6）DEMMaker：

- 特征点、线的量测及编辑，利用人工编辑获得具有一定密集度的地面特征点、线，构成三角网，最后生成 DEM
- 利用区域特征匹配及各种算法进行 DEM 区域编辑
- 手工单点编辑或自动沿 DEM 格网点走点编辑
- 引入该地区已有矢量文件（***.ftr）的指定层，自动构成三角网得到 DEM
- 载入立体模型，在立体模型上对特征目标进行数据采集以及编辑，构成三角网得到 DEM

（7）V-Ortho：

- 自动生成数字正射影像
- 正射影像和等高线叠合
- 正射影像镶嵌
- 正射影像修复（Orthofix）

（8）V-Mapper：

- 立体数字测图（影像漫游，子像素量测）
- 符号生成与编辑

（9）V-SPOT：

- SPOT（1A）影像全自动相对定向和半自动绝对定向
- SPOT 近似核线影像
- 能自动生成数字正射影像
- 能对 SPOT 正射影像进行数字测图
- 能进行 SPOT 立体像对的数字测图

（10）V-SPOT 5：

- 能完成 SPOT 5 卫星影像全色波段 2.5/5m 以及 10m 立体像对的定向、采核线和匹配处理，能生成满足高精度要求的 DEM 和正射影像，并在 IGS 模块中进行交互式立体测图
- 能够完成 SPOT 5 卫星影像全色波段、B1、B2 和 B3 波段影像的单片后交和正射影像纠正

（11）V-IKONOS：

- IKONOS 和 QuickBird 影像处理

（12）V-DMCimg：

- 数码量测相机 DMC 影像处理

（13）V-CloseR：

- 近景影像全自动相对定向和半自动绝对定向
- 近景核线影像

（14）TIN：

- 三角网

（15）VirtuoZo AAT（V-AATM+PATB）：

- 数据的输入输出
- 自动内定向
- 自动选点、转点
- 模型自动连接与构网
- 自动剔除粗差
- 人机交互后处理（删点和加点）
- 集成光束法区域网平差软件 PATB
- 区域接边
- 可以处理交叉航线的空三加密

2. 主要技术特点

（1）支持多种传感器类型的影像：

- 航空影像
- 卫星影像（SPOT/TM）
- IKONOS
- QuickBird

- 数码量测相机（DMC）

（2）匹配算法先进：

- 影像匹配速度可达 200~1000/每秒个匹配点，且可靠性高
- 对于匹配可靠性差的区域，可通过匹配预处理，提高影像匹配的效率
- 带特征的区域自动匹配，提高了工作效率

（3）自动内定向，相对定向和绝对定向都达到子像素（1/2~1/10 像素）精度。

（4）利用特征线生成 DEM，即充分利用矢量成果，提高了 DEM 的精度。

（5）提供正射影像手工拼接方式，可人工选择拼接线，更有利于城市地区的正射影像图的拼接。

（6）矢量数据与立体模型的实时叠合，并可装入多个矢量数据文件作为背景，有利于地图的修测。

（7）拥有多种高效实用的测图模式以及 Microstation 接口测图模块，切合测图生产的实际情况。

（8）其开放的数据交换格式也可与其他测图软件、GIS 软件和图像处理软件方便的共享数据，是采集三维基础地理信息的理想平台。

2.2.2　JX4

JX4 是北京四维公司结合生产单位的作业经验，开发的一套半自动化的微机数字摄影测量工作站。该工作站主要用于各种比例尺的数字高程模型"DEM"、数字正射影像"DOM"、数字线划图"DLG"生产，是一套实用性强，人机交互功能好，有很强的产品质量控制的数字摄影测量工作站。

1. JX4 的特点

（1）精度高。

- 子像元级的观测平台保证向量测图可达到很高的精度
- 采用 TIN 的立体编辑生成特征线、特征点，使 DEM 精度高，等高线形态好
- 由于 DEM 精度高加上正射纠正采用严密公式解算，使 DOM 达到很高的质量

（2）采用双屏幕显示，使得系统处理立体影像时，立体影像清晰、稳定，具有不可比拟的优势。

（3）采用硬件漫游，并行数据传输，传输速率快，漫游速度快，且影像漫游非常平稳。

（4）在测大比例尺的矢量图时高程可达到很高的精度，满足大比例尺规范要求。

（5）系统所用的数据格式都采用开放的国际常用的格式。

2. 优势

（1）支持多种类型传感器影像处理。JX4 可处理传统航空照片、如 IKONOS、SPOT5、QuickBird、ADEOS、RADARSAT、尖三等卫星与雷达影像，可通过以上数据获取 DEM、DOM、DLG 成果。

（2）由 Tin 生成正射影像，解决了城市 1:1000、1:2000 比例尺正射影像中由于高层建筑和高架桥引起的投影差问题，使大比例尺正射影像完全重合，更加精确地描述诸如道路等地物的形态，没有变形。

（3）有 Tin 软件，使建立模型定向参数的管理、影像相关、DEM 生产、DOM 生产、

DLG 生产、测图，均由面向单像对作业方式变为面向区域，即多像对、多航线作业方式，再由向量、Tin 的合并功能将区域拼接成整个测区，提高作业效率，保证 DEM、DOM、DLG 的精度。

（4）有 1：500、1：1000、1：2000、1：5000、1：10000、1：50000 等各种比例尺的符号库（国标码符号库），测图时使用方便。

（5）有二次大地定向软件，解决了国家测绘地理信息局长期以来先外业控制，后内业测图的问题，使外业和内业可以同时作业，提高了工作效率，保证了测图精度。

（6）兼容性强。主要体现在：

- 与 Microstation （（95/SE/J/V8）、Auto CAD （2000/2002）实时联机
- Part_ B、LH、ImageStation、JX4、Vz 多种空三数据导入
- 利用下列数据直接建立模型：外方位元素、矩阵、像点坐标导入
- 从已有向量中提取有关的层作为特征线辅助相关并生成 TIN
- 利用已有矢量或 DEM 生成正射影像
- 通过设计 action 文件实现测图组合命令

（7）实用性强。主要体现在：

①自动化：

- 自动内定向、相对定向
- 半自动绝对定向
- 特征点、线的自动匹配
- 由相关点和特征线生成 TIN、DEM 和等高线

②速度与精度：

- 可达到子像元级立体观察精度
- 可实现高速全图像平滑漫游
- 高精度高密度的特征点提取
- 由 TIN 生成高质量正射影像可以和矢量精度套合
- 高效率高精度的 DEM 生成
- 地球曲率的改正使得小比例尺（如 1：10 万航片测图）定向测图精度提高
- 生成的等高线形态与地形很吻合

③便利性：

- 利用二次大地定向的功能，可以实现先内业后外业的作业方式
- 利用第二原始影像功能，可以导入旧的空三数据
- 利用 DEM （或 TIN）自动将二维数据转换为三维数据，或经少量立体观测使二维房屋数据加入高程坐标变成三维房屋数据
- 利用裁切后的小影像检查正射影像

3. 主要功能模块

（1）3D 输入、3D 显示驱动模块。

（2）全自动内定向、相对定向模块、绝对定向模块。

（3）影像匹配模块。

（4）核线纠正及重采样模块。

（5）空三加密数据导入模块。

（6）投影中心参数直接安置软件。

（7）整体批处理软件（内定向、相对定向、核线重采样、DEM 及 DOM 等）。

（8）矢量测图模块。

（9）鼠标立体测图模块。

（10）TIN 生成及立体编辑模块。

（11）自动生成 DEM 及 DEM 处理模块。

（12）自动生成等高线模块。

（13）等高线与立体影像套合及编辑模块。

（14）由 TIN/DEM 生成正射影像模块。

（15）正射影像拼接匀光模块。

（16）特征点/线自动匹配模块。

（17）Microstation 实时联机测图接口软件。

（18）Auto CAD 实时联机测图接口软件。

（19）地图符号生成器模块。

（20）影像处理 Imageshop 模块。

（21）三维立体景观图软件。

2.2.3 MapMatrix

MapMatrix 是武汉航天远景公司开发的基于航空、卫星遥感、外业等数据进行多源地理数据综合处理的平台。具有强大的影像匹配功能，方便的 4D 产品编辑界面，开放的数据交换格式，可与其他测图软件、GIS 软件和图像处理软件方便地共享数据。实现了真正的数字摄影测量。它不仅为基础数据生产、处理和加工提供了一系列集成的工具，而且采用统一的数据管理接口将处理的数据有效地管理起来，为后期数据增值和共享提供基础，成为数据采集、处理、编辑、入库、维护和更新等空间地理信息数据处理的整体解决方案。

1. 可用的源数据

（1）支持的传感器。

- 普通航摄相机（带框标装置）

- DMC/UltraCam-D/ADS40/SWDC 数字相机（没有框标坐标）

- SPOT-5/IKONOS/QUICKBIRD/IRS-P5/ALOS/GeoEye/Worldview 等卫星影像

（2）支持的导入数据格式。

- 影像 TIF 格式：8、11、12、16bit 非压缩格式、压缩格式/GeoTIFF/JPG/BMP/ECW/PIX/Erdas/IMG/ENVI HDR/

（3）成果数据格式。

- DLG：AutoCAD DXF/DGN/XML/MapStar 文本数据

- DEM：BIL/ NSDTF /VirtuoZoDEM/ ARCINFO GRID 等

- DOM：TIF/TFW/HDR/IMG 等

- 直接支持的其他数字摄影测量系统

- 系统直接支持 JX-4C/VIRTUOZO/INTERGRAPHSSK/LEICA HELAVA 等数据

2. 主要功能模块

（1）ATMatrix 自动空中三角测量平台。

- 全自动内定向
- 全自动空三转点，支持 PATB/BINGO 解算
- 控制点预测，自动剔除粗差点
- 区域自动接边，接边差检查及成果自动整理
- 自动处理任意大小复杂航摄区域，如交叉航线和分段航线等

（2）MapMatrix 多源空间信息综合处理平台。

- 全/半自动影像内定向，相对定向和绝对定向功能
- 高效的影像匹配、影像纠正功能
- 强大的 DEM 生成、编辑和拼接功能
- 强大的矢量采集和编辑功能
- 强大的数据管理功能
- 支持坐标系转换

（3）数字高程模型处理系统（DEMatrix）。

- 全自动批处理进行影像匹配，特征点/线自动匹配，并自动生成 DTM/DEM/等高线
- 使用具有更可靠精度的基于密集点匹配-内插三角网-滤波剔除粗差方法得到 DEM
- 直接编辑 DEM，三角网与矩形格网混合编辑
- 支持鼠标联合脚盘编辑 DEM 格网点
- 可直接生成 BIL、VirtuoZoDEM、NSDTF 格式的 DEM
- 等高线套合立体影像编辑、修改，所见即所得
- 支持输入图幅名、指定坐标系、导入结合表等多种方式的 DEM 标准图幅裁切

（4）数字正射影像处理系统（DOMatrix）。

- 自动纠正生成 DOM
- 小面元正射微分纠正，多种参数可选，可利用 TIN/DEM 生成正射影像
- 直接生成 TIF 和 TFW 格式
- 自动无缝镶嵌
- 可使用任意影像进行正射影像修复
- 强大的原始影像和正射影像匀光、匀色处理
- 任意影像间的融合功能
- 文字注记功能
- 图廓整饰功能
- 支持输入图幅名、指定坐标系、导入结合表等多种方式的图幅裁切标准图幅裁切

（5）数字特征采集更新系统（FeatureMatrix）。

- 丰富的矢量要素在立体模型环境下的特征采集绘图和编辑功能
- 强大的层管理功能配合数据定制功能，可根据用户需求充分发掘数据价值
- 所有采编功能可套合立体模型，预见、可无限制回撤
- 开放的符号系统，能支持可视化的符号库生成和编辑
- 支持特征属性的动态定制，查询，修改和入库，使采集编辑入库一体化成为可能，大大提高数据的使用价值

- 可划分跨图幅的作业区域，以作业区域为单元测图，在测图过程中可实时加载相邻模型数据，实现立体模型环境下的动态接边
  - 调绘数据的友好支持
  - 支持 MicroStation（V8）中文版联机测图
  （6）EPT 易拼图正射影像生产模块。
  - 导入 MapMatrix 工程，批量生成单片正射影像
  - 支持国标、军标及地方坐标系标准图幅划分
  - 快捷的拼接线编辑工具集，全面支持快捷键
  - 原始影像或正射影像修补
  - 图幅自动接边
  - 增强的投影转换工具，支持多种投影模型转换
  - 增强的影像裁切工具，支持多种像素起点
  - 全新的基于小波和 Wallis 的匀光算法

2.2.4　Inpho 摄影测量系统

Inpho 摄影测量系统是欧洲最著名的航空摄影测量与遥感处理软件之一，是德国 Inpho 公司的核心产品。它可以全面系统地处理航测遥感、激光、雷达等数据。其空三软件和正射处理软件占有欧洲的最大市场份额，是高端航测软件中的经典。Inpho 公司是德国斯图加特大学的航测学院院长、欧洲著名的航测遥感专家阿克曼教授在 20 世纪 80 年代创立，2007 年 2 月被美国 Trimble 公司收购。

Inpho 摄影测量系统为数字摄影测量项目的所有任务，提供一整套完整的软件解决方案，包括地理定标、生产数字地面模型 DTM、正射影像生产以及三维地物特征采集。它的模块化组合，既可提供完整的、紧密结合的全套系统，也可提供独立工作的单一模块，可以很容易地把它加入到任何其他摄影测量系统的工作流程中。Inpho 系统的主要优点是以其严谨的数学模型来保证顶级的准确度，以其平稳的工作流程和高度的自动化程度来保证高效的生产能力。

Inpho 摄影测量系统支持各种数字影像，包括扫描框幅式航空相片，以及来自于数字航空相机和多种卫星传感器的各种影像。

Inpho 摄影测量系统由多个独立的模块构成，主要有：

1. ApplicationsMaster

它是系统的核心，提供用户界面和启动其他系统模块。通用的 ApplicationsMaster 作为一个平台把所有的模块结合到一起。ApplicationsMaster 本身具有项目定义、数据输入与输出、坐标变换、图像处理、图像定向以及 DTM 管理等功能。

2. MATCH-AT 模块

MATCH-AT 可对绝大多数数字或模拟相机的框幅式影像的几何定位作全自动、高精度的空三处理，是世界领先的全自动空三软件，它准确、可靠，并能大大提高生产效率。通过交叉的多重连接点的连接以及相片间的条带间的连接，加之有效的质量保证方法，来达到高可靠性。MATCH-AT 的所有处理步骤都是全自动的。从项目设定到精确的连接点匹配，到综合的测区平差，直到带有图解支撑的测区分析，所有的工作流程都符合逻辑并且容易操作。最新版本的 MATCH-AT 光束法平差可以处理多达 20000 多幅影像。

3. inBLOCK

inBLOCK 是新一代测区平差软件。结合先进的数学建模和平差技术，通过友好的用户界面，极好地实现交互式图形分析。该模块先进的平差功能十分灵活并可配置。可完全支持 GPS 和 IMU 数据平移和漂移修正，通过附加参数设置实现自校准，以及有效的多相位错误检测。inBLOCK 适于对任何形状、重叠、任意大小的航空测区进行平差。平差时高度灵活的参数化也使得该模块成为数字航空框幅式相机校准的理想工具。

4. MATCH-T DSM 模块

MATCH-T DSM 可自动进行地形和地表提取，从航空或卫星影像中获取高精度的数字地形模型和数字地表模型，为整个影像测区生成无缝模型。该模块应用先进的多影像匹配和有效的数据滤波实现最高精度和可靠性。所有影像重叠区均参与计算。在 DSM 模式下，影像重叠至少 60% 时，城市区域的狭窄街道都可以被探测出来，生成的地表模型适于城市建模的应用。

5. DTMaster 模块

DTMaster 是一款强大的 DTM 编辑模块，拥有非常好的平面或立体显示效果，为数字地形模型或数字地表模型的快速而精确的数据编辑提供最新的技术，可以非常容易地处理多达 5 千万个点（在 64bit 时可以处理更多点）。此外，DTMaster 可以将数千幅正射相片或完整的测区航片放在 DTM 数据下作为底图，通过提供高效率的显示和检查工具来保证 DTM 的质量。

6. OrthoMaster 模块

OrthoMaster 为数字航片或卫片进行严格正射纠正，处理过程高度自动化。OrthoMaster 以数字航片或卫片的外定向参数和数字地形模型（DTMs）作为源数据，生产高质量的正射影像，例如有恒定比例尺的数字影像。OrthoMaster 既可处理单景影像，也可同时处理测区内的多景影像。各种不同的严格校正过程都是完全自动化的。它可以从一系列任意分布的 *XYZ* 点和断裂线中生成 DTMs，通过将目标的三维数据与基础 DTM 互相重叠，生成真正射影像，有效地消除地貌起伏引起的位移，与 OrthoVista 结合后，OrthoMaster 可以生成真正的正射镶嵌图。

7. OrthoVista 模块

OrthoVista 是强大的专业镶嵌工具，它利用先进的影像处理技术，对正射影像进行自动调整、合并，生成一幅无缝的、颜色平衡的镶嵌图。它可对源于影像处理过程的影像亮度和颜色的大幅度变化进行自动补偿，在单幅影像中计算辐射平差以补偿视觉效果，例如热斑、镜头渐晕或颜色变化。此外，OrthoVista 通过调节匹配相邻影像的颜色和亮度进行测区范围的颜色平衡，将多景正射影像合并成一幅无缝的、色彩平衡的而且几何完善的正射镶嵌图。对于由上千幅正射影像组成的大型测区无需进行任何细分处理就可以直接处理。全自动的拼接线查找算法可以探测人工建筑物体，甚至是在城市区域依然能够获得高质量的结果。

8. Summit Evolution 模块

Summit Evolution 是一款界面友好的数字摄影测绘立体处理工作站，可将收集的三维要素直接导到 ArcGIS、AutoCAD 或 MicroStation. 通过 Summit Evolution 获得或从 GIS、CAD 系统中导入的矢量数据可以分层直接导入立体模型，从而极好地为制图、改变及更新 GIS 数据提供解决方案。该模块不仅应用于航空框幅式和推扫式影像，也可从近距离、卫星、

IFSAR、激光雷达亮度图及正射影像中采集要素。Summit Evolution 基于投影环境运作，该投影区是由 MATCH-AT 或其他软件生成的三角测量影像区。用户可以在整个投影区生成任意大小的无缝图。

2.2.5 Imagestation SSK 数字摄影测量工作站

Imagestation SSK（Stereo Soft Kit）是美国 Z/I Imaging 公司推出的国际上比较先进的数字摄影测量系统，具备处理传统航测数据、数字航测数据、卫星影像数据以及近景摄影测量数据能力；具备针对生产的优化设计、批命令、高效数据压缩和自动化作业能力。

ImageStation 不仅能处理传统的航摄数据和数字航摄相机的数据，还具备强大的卫星数据处理能力，包括 IKONOS、SPOT、IRS、QuickBird、LANDSET 等商业卫星。同时，它亦具备近景摄影测量功能，是涵盖摄影测量全领域的完全解决方案。

Imagestation 包含七个基本模块和四个高级选装模块：项目管理模块（ISPM）；数字模块（ISDM）；立体显示模块（ISSD）；DTM 采集模块（ISDC）；特征采集模块（ISFC）；基础纠正模块（ISBR）；遥感图像处理模块（IRASC）；自动 DTM 采集模块（ISAE）；自动空三模块（ISAT）；卫星空三模块（ISST）；自动正射模块（ISOP）。各模块的主要功能和特点为：

1. ISPM 项目管理模块

提供航测生产流程所需的管理工具。这种中心数据管理和存储方式对用户非常有帮助，航测项目的建立和管理可以在任何一个能运行 Windows 的计算机上进行。可在标准的计算机上快速简单地进行航测项目的创建和数据管理。

2. ISDM 数字量测模块

功能包括多相片显示、量测及计算成果列表；全自动及手工内定向、相对定向；自动转点；按顺序量测、替换影像；光束法平差和加密，实时平差计算和数据完整性检查；实时单片、立体影像漫游；自动与交互影像处理与影像增强；处理 GPS/惯导（IMU）偏移/漂移计算和天线偏移；成果统计与粗差探测；图形工具分析结果；根据中误差进行点过滤等。

3. ISSD 立体显示模块

利用内置的 ImagePipe 软件和立体显示的图形卡作平滑的立体漫游；支持立体重采样和原始影像的实时核线重采样；支持矢量数据与立体叠加显示；支持影像对比度和亮度的调整。

4. ISDC/ISFC 采集模块

用户可自定义采集区域；定义地形特征，如断裂线、山脊线、高程点等；允许定义不需要 DTM 的区域；允许剔除自动 DTM 采集模块在特定区域如房屋和树林等生成的 DTM 点；允许用户随时在立体模型上查看等高线；允许动态编辑三角网和等高线；支持多种 DTM 格式。支持多种输入设备：Immersion SoftMouse，Z/I Imaging Handheld Controller，Z/I Imaging 手轮脚盘；支持立体测标速度调整；支持立体动态缩放；支持用户在相邻模型间移动。

5. ISBR 基础纠正模块

基于交互式和批处理进行正射校正的软件，能处理航片和卫星影像。重采样和插值计算选项灵活；使用规则格网或三角网的 DTM；可将控制点展到 DGN 文件，对正射影像做精度检查；可操作多种影像格式；支持 JPEG 压缩。

6. IRASC 遥感影像处理模块

支持影像修补；支持坐标系定义和坐标转换；支持子像元精度级的影像到地图校正，支持自动匹配的影像到影像的校正；支持色调匹配和拼接线羽化功能，实现无缝的影像镶嵌。

7. ISAE 自动 DTM 采集

利用影像金字塔数据结果和算法，自动进行实时核线重采样，根据航片和卫星立体影像自动生成数字高程模型。

8. ISAT 自动空三模块

利用内置的光束法自动产生多度重叠连接点，并进行自动空三计算；允许利用图形选择相片/模型/测区，项目大小不受限制；支持 GPS/惯导，相机自检校及参数设置；支持内定向、连接点自动提取到空三计算及分析的全部流程。

9. ISST 卫星空三模块

提供处理 SPOT/IRS/QuickBird 和 Landsat 的星历数据和轨道参数做空三计算。

10. ISOP 自动正射模块

集成正射纠正功能的正射影像产品生产的全功能软件，包括正射任务计划、正射纠正、匀光处理、真实正射纠正、色调均衡、自动生成拼接线、自动镶嵌、裁剪和质量评估。

2.2.6　LPS 数字摄影测量系统

LPS（Leica Photogrammetry Suite）是徕卡公司推出的数字摄影测量及遥感处理系统。LPS 为影像处理及摄影测量提供了高精度及高效能的生产工具。它可以处理各种航天（包括 QuickBuid、IKONOS、SPOT5、ALOS 及 LANDSAT 等）及航空（扫描航片、ADS40 数字影像）的各类传感器影像定向及空三加密，处理各种影像格式（包括黑/白、彩色、多光谱及高光谱等）的数字影像。LPS 的应用还包括矢量数据采集、数字地模生成、正射影像镶嵌及遥感处理，它是第一套集遥感与摄影测量在单一工作平台的软件系列。

LPS 是一个模块化的系统软件包。它的核心模块包含丰富的功能特性，可以适合各种标准的摄影测量应用。LPS 同时还提供了一些其他先进的扩展功能模块，用户可根据不同的应用需求选择扩展功能模块并与核心模块密切组合。系统中还包含 Developer Kit，可以让高级用户开发自己的程序。

LPS Core 核心模块为用户提供了功能强大且操作简单的数字摄影测量工具，包括自动内定向、自动或交互式点量测、空三、影像浏览器、数字高程数据转换、正射影像拼接、图像处理工具、地图整饰等工具。LPS Core 还包含全球领先的 Leica ERDAS IMAGINE advantage 遥感图像处理软件，能够完成包括卫片、航片在内的各种影像处理，将数字摄影测量和遥感图像处理完全流程化管理，简单方便。

LPS 同时还提供多种扩展模块，包括 LPS Stereo 立体观测模块、LPS Automatic Terrain Extraction（ATE）数字地面模型自动提取模块、LPS Photogrammetry Suite Terrain Editor（TE）、数字地面模型编辑模块、LPS ORIMA 空三加密模块、LPS PRO600 数字测图模块、Leica MosaicPro 高级影像镶嵌模块、Developer Kit 开发工具、ImageEquallizer 影像匀光器、Stereo Analyst 立体分析软件、Leica Ortho Accelerator（LOA）正射流程管理软件、GeoVault Web Service（GeoVaultWS）影像数据管理软件等。在这里就不一一介绍。

2.3　新一代数字摄影测量系统

目前，数字摄影测量系统正在经历一场从数字摄影测量工作站到数字摄影测量网格的变革，具有代表性的基于网格的全数字摄影测量系统有国内的 DPGrid 和国外的 Pixel Factory。

2.3.1　像素工厂（Pixel Factory）

像素工厂（Pixel Factory，PF）是一套用于大型生产的遥感影像处理系统。法国 IN-FOTERRA 是欧洲航空防务与航天公司（EADS）的全资子公司，其核心业务是地理数据的生产。它也是世界上最大的地理数据存储机构之一，拥有 100 个国家覆盖 250 万平方公里面积的 5000 幅卫星影像数据，以及世界上 230 个城市的高分辨率影像。它还是享誉国际的地理数据处理专家，具备在不到一周的时间里生产 700 平方公里 25 厘米分辨率影像数据的能力。

Pixel Factory 具有强大计算能力的若干个计算节点，输入数码影像、卫星影像或者传统光学扫描影像，在少量人工干预的条件下，经过一系列的自动化处理，输出包括 DSM、DEM、正射影像和真正射影像等产品，并能生成一系列其他中间产品。

Pixel Factory 具有无比强大的影像处理技术：采用并行计算技术，大大提高了系统的处理能力，缩短了项目周期；具有强大的自动化处理技术，具有更多的自动化能力，在少量人工干预的情况下，能迅速生成数字产品；具有周密而系统的项目管理机制，能够及时查看工程进度，项目完成情况，并能根据生成的信息适时做出调整；允许多个不同类型的项目同时运行，并能根据计划自动安排生产进度，充分利用各项资源，最大限度地提高生产效率。PF 还具有先进成熟的影像处理算法和多年的技术积累，代表了当前遥感影像处理技术的最新发展方向。此外，PF 能够兼容当前主流的各种航空航天传感器（需要输入传感器检校文件），并提出了"与传感器无关"的概念。

Pixel Factory 在国内市场尚处于起步阶段，在法国、日本、美国、德国都有许多成功的项目案例，在航空遥感数码相机越来越流行的今天，该系统得到了业内越来越广泛的关注，国内已有多家机构引进了该系统。

Pixel Factory 的主要特点是：

1. 多种传感器兼容性

PF 系统能够兼容当前市场上的主流航空航天传感器，能够处理 ADS40、UCD、DMC 等数码影像，也能处理 RC30 等传统胶片扫描影像。这是因为 PF 能够通过参数的调整来适应不同的传感器类型，只要获取相机参数并将之输入系统，PF 系统就能够识别并处理该传感器的图像。在 PF 系统中航空遥感影像属于高精度影像（High Resolution，HR）范畴。

2. 开放式的系统构架

由于 PF 系统是基于标准 J2EE 应用服务开发的系统，使用 XML 实现不同节点之间的交流和对话，在 XML 中嵌入数据、任务以及工作流等，支持跨平台管理，兼容 Linux、Unix、True64 和 Windows。PF 系统有外部访问功能，支持 Internet 网络连接（通过 http 协议、RMI 等），并可以通过 Internet（例如 VPN）对系统进行远程操作。可以通过 XML/

PHP 接口整合任何第三方软件, 辅助系统完成不同的数据处理任务。

3. 自动处理能力

在整个生产流程中, 系统完全能够且尽可能多地实现自动处理。从空三解算到最终产品如 DSM、DEM、GroundOrtho、TrueOrtho, 系统根据计划自动分派、处理各项任务, 自动将大型任务划分为若干子任务。通过自动化处理, 大大减少人工劳动, 提高了工作效率。

4. 并行计算能力和海量在线存储

PF 系统具有很强的处理能力, 能够处理海量数据的航空摄影项目尤其是数码相机影像; 能够同时处理多个项目, 系统根据不同项目的优先级自动安排和分配系统资源, 使系统资源最大限度地得到利用。实现这些目标的手段主要是通过并行计算技术来实现。系统自动将大型任务划分为多个子任务, 把这些子任务交给各个计算节点去执行。节点越多, 可以接收的子任务越多, 整个任务需要的处理时间就越少。因此, PF 系统能够提高生产效率, 大大缩短整个工程的工期, 使效益达到最大化。在数据计算过程中, 会生成比初始数据更加大量的中间数据和结果数据, 只有拥有海量的在线存储能力, 才能保证工程连续的自动运行。该系统使用磁盘阵列实现海量的在线存储技术, 并周期性地对数据进行备份, 最大可能地避免意外情况造成的数据丢失, 确保了数据的安全。

2.3.2 数字摄影测量网格 (DPGrid)

数字摄影测量网格 (DPGrid) 是由中国工程院院士、武汉大学张祖勋教授领衔研制的具有完全自主知识产权、国际首创的新一代航空航天数字摄影测量处理平台。它打破传统的摄影测量流程, 集生产、质量检测、管理为一体, 合理地安排人、机的工作, 充分应用当前先进的数字影像匹配、高性能并行计算、海量存储与网络通信等技术, 实现航空航天遥感数据的自动快速处理和空间信息的快速获取, 其性能远远高于当前的数字摄影测量工作站。

2007 年 7 月 12 日, DPGrid 通过国家鉴定, 鉴定委员会专家对该系统给予评价为: "该系统研究思想新颖、研究成果先进, 将为数字摄影测量的新一轮跨越式发展、为建立大规模的摄影测量数据处理中心和三线阵卫星影像的快速处理奠定基础。该系统整体上达到国际先进水平, 其中数字摄影测量网格 DPGrid 并行处理技术、影像匹配技术和网络全无缝测图技术达到国际领先水平。"

DPGrid 首次提出并实现了观测值独立与连续光滑约束对立统一的影像匹配系统; 实现了基于网络与集群计算机进行数字摄影测量的并行处理, 极大地提高了数字摄影测量作业的效率; 将自动化处理与人机协同处理完全分开, 合理组织, 首次提出并建立了人机协同的网络全无缝测图系统; 提出并实现了超宽景卫星条带影像测绘方案, 解决了航空数码影像增大工作量与测绘精度降低的难题。

DPGrid 系统由两大部分组成:

(1) 自动空三 DPGrid. AT/光束法平差 DPGrid. BA/正射影像 DPGrid. OP 模块;

(2) 基于网络的无缝测图系统: DPGrid. SLM (Seamless Mapping)。

系统具有以下特点:

(1) DPGrid 是完整的摄影测量系统, 而以往的数字摄影测量工作站 (DPW) 仅仅是一个作业员作业的平台;

（2）应用先进高性能并行计算、海量存储与网络通信等技术，系统效率大大提高；

（3）采用改进的影像匹配算法，实现了自动空三、自动 DEM 与正射影像生成，自动化程度大大提高；

（4）采用基于图幅的无缝测图系统，使得多人合作协同工作，避免了图幅接边等过程，生产流程大大简化，从而大大提高作业效率；

（5）系统为地图自动修测与更新、城市三维建模等留有接口，具有一定的前瞻性；

（6）系统结构清晰——自动化、人机交互彻底分割；

（7）系统的透明性：相邻接边的作业员之间，作业员对检查员，相互协调，在一个环境下完成。

DPGrid. SLM 的特点：

1. 生产流程简单

减少中间流程，直接获得最终结果。无单张正射影像、无拼接；删去了核线影像（中间结果）；作业员只管开机、关机、应用手轮、脚盘，按要求测绘等高线、测图，无需考虑模型、不考虑图幅，测图同时接边，效率来自于"简单、重复劳动"；图幅（DLG）全部由服务器根据要求"裁剪"与"整饰"，提高生产效率。

2. 专业分工更加明确

少数专业人员集中在服务器上处理对专业技术要求较高的作业步骤；具体的测图和编辑等人工作业分布到客户端上由大多数专业知识相对薄弱的普通作业员完成。

3. 测图与模型无关

管理员可以方便地在服务器上按照图幅将任务下达到每一个作业员，作业员在客户端只需点击任务列表中的具体任务就可以自动下载和任务相关的数据，然后开始测图作业。整个作业区似乎是一个大的立体模型，作业员无需进行模型的切换，实现了与模型无关的测图。

4. 网络间图幅接边

图幅之间的接边是通过网络进行的。由于服务器上已经保存了图幅接边关系表，作业员可以在本机上获得并查看邻近图幅中已测的矢量数据，并在接边区内参照其他用户已测数据进行接边，实现无缝测图。

5. 生产进度实时监控

管理员可随时通过网络监控每个工作站的生产进度和工作状态，及时对生产中出现的问题进行必要的处理和调整，有效地集数据生产与生产管理于一体。

6. 矢量和 DEM 采编"所见即所得"

DPGrid. SLM 集成了生成高保真度 DEM 和 DEM 编辑功能，实现了 DEM 自动生成的等高线与人工测绘的等高线保持一致的功能。DEM 生成、编辑与手工测绘线划图在同一作业环境下完成，做到采编"所见即所得"，无需额外的软件处理，大大提高了生产效率。

第3章 航空摄影

航空摄影就是将航摄仪安装在飞机上并按照一定的技术要求对地面进行摄影的过程,是摄影测量中最常用的方法。航空摄影是相对于航天摄影和地面近景摄影而言的,它与航天摄影的区别主要是摄影高度不同,通常将摄影高度在10km以下的空中摄影称为航空摄影。

航空摄影的目的主要是为了获取摄区的航摄资料,即航摄底片,航摄底片上详尽地记录了地物、地貌特征以及地物之间的相互关系。利用航摄资料可以测绘一定比例尺的地形图、平面图或正射影像图,比例尺一般为1:5万、1:1万、1:5000、1:2000、1:1000、1:500等。

为保证航空摄影部分内容的规范性,本章的航摄设计编写、航摄任务实施、航摄质量检查等内容参考航空摄影的国家标准《GB/T 6962—2005 1:500 1:1000 1:2000 地形图航空摄影规范》,《GB/T 15661—2008 1:5000 1:10000 1:25000 1:50000 1:100000 地形图航空摄影规范》,《GB/T 19294—2003 航空摄影技术设计规范》编写。

3.1 实习内容和要求

本章的实习内容包括航摄仪的认识学习、航摄技术设计书的编写、航摄质量检查等内容。由于教学条件的限制,本章内容的第二节要求同学们熟悉,第三、四、五节只要求同学们了解。具体要求如下:

- 熟悉本章介绍的几种模拟航摄仪和数字航摄仪,了解它们的相关参数;
- 了解航摄设计书和计划书的内容和技术要求;
- 了解航摄任务实施的飞行质量要求和摄影质量要求;
- 了解航摄质量检查的内容。

3.2 航摄仪及其他辅助仪器

3.2.1 航摄仪

航摄仪是具有一定相幅尺寸,能够安装在飞行器上对地面进行连续摄影的照相机。它是用来从空中对地面进行大面积摄影的,所摄取的影像必须要满足量测和判读的要求,因此,其一般结构除了与普通摄影机有相同的物镜(镜箱)、光圈、快门、暗箱及检影器等主要部件外,还有座架及其控制系统的各种设备、压平装置,有的还有像移补偿器,以减少像片的压平误差与摄影过程的像移误差。从与普通相机的区别角度讲,航摄仪又可称为量测型摄影机。如图3-1所示。

图 3-1　光学和数码航摄仪

根据记录影像的介质不同，航摄仪可分为模拟航摄仪和数字航摄仪。

早期的航摄仪由于光学制造和机械加工水平的限制，像幅多为 18cm×18cm，其自动化程度也较低。随着科技的进步，18cm×18cm 像幅的航摄仪已被淘汰，取而代之的是像幅为 23cm×23cm 的航摄仪，自动化程度也有了很大提高。20 世纪末已经研制出数码航摄仪。从 2000 年在 ISPRS 阿姆斯特丹大会上首次展示了大幅面的数字航空摄影相机以来，数码量测航空相机的发展受到了很大的重视。目前，数字航摄仪已由试验阶段开始进入实际使用中。自 2001 年以来已有 300 台左右的大型航空数码相机被售出。可以预见，随着传统胶片式航测相机的相继停产，航空数字相机有望取代传统的胶片型航测相机，成为大比例尺地理空间信息获取的主要手段。

航摄仪的基本结构大致由四部分组成：摄影镜箱、暗盒、座架和控制器。其中摄影镜箱是航摄仪最主要的组成部分，它由物镜筒和外壳组成；暗盒装在镜箱上部，与贴附框紧密接合，是安装航摄胶片的地方；座架是安置航摄镜箱和暗盒的支撑架，也是航摄仪的一个重要组成部分；控制器是航摄仪工作的操纵构件，它操纵并监督航摄仪的工作。航摄仪除了上述四个基本部件外还有一个重要附件，即检影望远镜，摄影作业人员可以通过检影望远镜整平航摄仪和改正航偏角。

下面介绍我国常用的几种模拟航摄仪。

（1）RC 系列航摄仪。RC 系列航摄仪是瑞士 Wild 厂的产品，比较常用的有 RC-10、RC-20、RC-30 等多种型号，每种型号的航摄仪又配带有不同焦距的物镜。RC-30 航摄仪是瑞士徕卡公司新一代的航摄仪，它与陀螺稳定平台（PAV30）、飞行管理系统（AS-COT）一起组成了先进的 RC30 航空摄影系统。该系统具有优秀的几何色彩还原性能和卓越的操作稳定性。是近十年来比较流行的一套航空摄影系统。

（2）RMK 系列航摄仪。RMK 系列航摄仪是德国 Opton 厂生产的全自动型航摄仪，它配带有 5 个不同焦距的物镜，具有自动测光系统。RMK-TOP 型航摄仪是在 RMK 的基础上改进的具有陀螺稳定装置的航摄仪。该仪器具有高质量的物镜和内置滤镜，像移补偿装置（IMC）和陀螺稳定平台（TOP），并提供支持 GPS 的航空摄影导航系统。

（3）MRB 和 LMK 系列航摄仪。MRB 和 LMK 系列航摄仪是德国著名的卡尔·蔡司（Carl Zeiss）厂的产品。两个系列仪器的结构大体相同，其主要特点是可以量测航摄底片的变形和评定底片的曝光和冲洗质量。近年来，蔡司厂也在 LMK1000 航摄仪的基础上推出了改进的 LMK2000 航摄仪，它也具有陀螺稳定装置，进一步提高了影像质量。

如前所述，近几年来模拟航摄仪已经逐渐地被数字航摄仪所取代，与传统的模拟航摄仪相比，数字航摄仪的最大优势在于不增加飞行成本的条件下，获取大重叠度的影像数据，多视影像中相邻影像间的变形较小。如果采取多基线摄影测量的方法，将多幅相邻影像同时处理，则可以大大增加交会角，提高影像匹配、立体测图和三维重建的精度和可靠性。

数字航摄仪的成像原理和模拟航摄仪是一样的，只是在记录影像的介质上有所差异：模拟航摄仪的记录介质是传统的胶片感光材料，而数字航摄仪的记录方式是通过电荷耦合器件（CCD）把接收到的数字影像直接记录在磁盘上。

数字航摄仪按其工作方式（或 CCD 器件的排列方式）可分为面阵式 CCD 航摄仪和线阵式 CCD 航摄仪。面阵式航摄仪是利用面阵 CCD 记录影像；线阵式航摄仪是利用线阵 CCD 的扫描记录影像。面阵 CCD 的优点是可以直接获取二维图像信息，测量图像直观。缺点是像元总数多，而每行的像元数一般较线阵少，帧幅率受到限制；而线阵 CCD 的优点是一维像元数可以做得很多，而总像元数较面阵 CCD 相机少，而且像元尺寸比较灵活，帧幅数高，特别适用于一维动态目标的测量。所以面阵式 CCD 航摄仪和线阵式 CCD 航摄仪各有优缺点，在航摄时可根据实际需要和现实条件进行选择。

目前，国际上数字航摄仪产品主要有三种：瑞士徕卡公司的 ADS-40、美国 Z/I 公司的 DMC 和 Microsoft（Vexcel）公司的 UCD/X，如图 3-2 所示。国内方面，由刘先林院士领衔研制的 SWDC 数字航摄仪也已经研制成功并进入商业应用阶段。

图 3-2　三种主要的数字航摄仪

1. ADS40 数字航摄仪

ADS40（Airborne digital Sensor）数字航摄仪由徕卡公司与德国宇航中心 DLR 联合研制，2000 年在 ISPRS 阿姆斯特丹大会上首次推出。

1）系统构成

ADS40 由传感器头 SH40、控制单元 CU40、大容量存储系统 MMS40、操作界面 OI40、导航界面 PI40、PAV30 陀螺稳定平台等部件组成。SH40 中集成有高性能镜头系统和惯性测量装置 IMU，镜头焦平面上安置 3 条全色波段、3 条彩色波段（R、G、B）和近红外波段（NIR）的 CCD 阵列探测器，像元大小为 6.5μm；全色波段阵列由 2 条 12000 像元 CCD 阵列构成，其交错半个像元排列以提高地面分辨率，多光谱波段由 12000 像元构成。在 CU40 中集成了 GPS 接收机及 Applanix 公司的 POS 系统。MMS40 由 6 个高速 SCSI 磁盘构成，能记录 4h 的航摄数据，传输率高达 40～50Mb/s。

2）成像原理

ADS40采用高分辨率线阵列CCD元件为探测器件，镜头采用中心垂直投影设计，焦平面的3个全色波段阵列构成了对地面的前视、下视和后视成像格局，所有目标在3个全色扫描条带分别记录，能直接生成3对立体像对；R、G、B和近红外波段阵列安置在全色阵列之间，通过三色分色镜记录目标的多光谱信息。航空摄影时，传感器采用推扫式成像原理，7个通道同时对地面连续采样，同时获取目标的多波段影像。飞行期间影像数据、GPS接收机产生的2Hz定位数据、IMU产生的200Hz定位和姿态数据以及其他管理数据以特定的格式记录在MMS中，整个系统呈现高度自动化、智能化和专业化特性。

3）主要技术参数

（1）CCD像元。全色波段为2×12000像元，交错3.25μm排列；RGB和NIR波段为12000像元，像元大小为6.5μm。

（2）相机焦距为62.5mm；视场角FOV为64°；立体成像角为16°、24°和42°；在3000m航高时地面采样间隔（GSD）达到16cm，扫描条带宽3.75km。

（3）辐射分辨率为8bit，CCD动态范围12bit。

（4）成像谱段。R：608～662nm；G：533～587nm；B：428～492nm；NIR：703～757nm。

（5）线阵列采样频率为200～800Hz；在线存储容量为200～500Gb。

2. DMC数字航摄仪

DMC（Digital Mapping Camera）数字航摄仪由Z/I公司研制，是一种无人值守的数字航空相机系统。

1）系统组成

DMC系统包括下列部件：DMC相机主体、4个高分辨率7k×4k全色镜头、4个多光谱3k×2k镜头、相机电子控制单元、3个数据记录仪，每个具有280GB磁盘空间（共840GB）。DMC数字航摄相机的镜头部分，全色镜头沿飞行方向呈2×2矩阵排列，各镜头均沿正中轴线方向偏离一定的角度，每个镜头对应一个尺寸为4 096×7 168像素的CCD阵列。全色镜头所获取的子影像间存在一定程度的重叠，子影像通过后处理和拼接之后生成模拟中心投影的虚拟影像。多光谱镜头环绕全色镜头排列，获取竖直影像，多光谱影像与全色影像的覆盖范围相同，但分辨率较低。因此，DMC影像是面阵CCD成像方式，但不是严格的中心投影。

2）主要特点

（1）光学性能。DMC相机里安装的8个镜头，是由Carl Zeiss公司设计并生产的，具有畸变小、光圈大（f/4）、分辨率高、匀质响应等特点。独立设计的镜头具有优化全色和彩色感光性能。这种独立小镜头的成像质量大大优于只使用一个大口径镜头的效果。

（2）几何特性。DMC采用面阵CCD感光器件以确保影像的几何特性，类似传统胶片相机的高精度压平系统。即使在完全没有GPS信号、飞行条件恶劣、光线极差的情况下，依然可以得到高质量的中心投影影像。它的全电子前移补偿（FMC）和12位像元分辨率使得影像质量远远超过了扫描的航摄胶片。

3. UltraCAM数字航摄仪

UltraCAM-D（UCD）大幅片数码相机由奥地利Vexcel公司研制，于2003年5月在美国 ISPRS 大会上推出。2006 年底，Vexcel 公司在 UltraCAM-D 相机基础上，又推出了 Ult-raCAM-X（UCX）大幅片数码相机。

UltraCAM 数字航摄仪也是采用面阵 CCD 传感器件。系统由传感器单元 SU、数据存储与处理单元 SCU 和操作界面 IP 以及 SCU 适配器等组成。UltraCam D 的传感器部分由 8 个独立的光学镜头构成。通过 13 个面阵 CCD 采集影像数据，同时生成全色影像、彩色 RGB 影像和近红外 NIR 影像。其中形成全色影像的 9 个 CCD 的影像数据存在不同程度的重叠，航向为 258 像素，旁向为 262 像素，各 CCD 所获取的影像数据根据重叠部分影像精确配准，消除曝光时间误差造成的影响，生成一个完整的中心投影影像。

4. 国产 SWDC 系列数字航摄仪

SWDC 系列数字航摄仪是在国家测绘地理信息局、科技部中小企业创新基金的支持下，在刘先林院士主持下，由中国测绘科学研究院、北京四维远见信息技术有限公司等多家单位联合开发研制的。该数字航摄仪的系列产品包括 SWDC-1（单镜头）、SWDC-2（双镜头）、SWDC-4（四镜头）等几种型号，其中 4 镜头相机最适合航测生产使用。

SWDC 系列产品的制作原理是基于多台非量测型相机，经过精密相机检校和拼接，集成测量型 GPS 接收机、数字罗盘、航空摄影控制系统、地面后处理系统的数字航空摄影仪。它经过多相机高精度拼接生产虚拟影像，以提供数字摄影测量数据源，以一种能满足航空摄影规范要求的大面阵数字航摄仪。该系列产品的特点是：相机镜头可更换（3 组）、幅面大、视场角大、基高比大、高程精度高达万分之一，能实现空中摄影自动顶点曝光；经过精密 GPS 辅助空三，可使航摄外业控制测量的工作量大大减小；产品具有较强的数据处理软件功能，可实现对所获取影像的准实时和高精度的纠正与拼接。

3.2.2 航摄仪辅助设备

由于对航摄影像进行量测和判读的高要求，除了对航摄仪有严格的要求外，还要有必要的航摄仪辅助设备，以辅助获得高质量的航摄影像。下面介绍几种航摄仪的常见辅助设备。

1. 重叠度调整器

在航空摄影中，航摄影像不但要完全覆盖整个测区，而且为了影像拼接和立体测图的需要，同一航线的相邻像片和不同航线间的相邻像片间都要保持一定的重叠度（航向重叠和旁向重叠）。一般航空摄影测量对航向重叠的要求为 $p\% = 60\% \sim 65\%$，最小不得小于 53%；旁向重叠的要求为 $q\% = 30\% \sim 40\%$，最小不得小于 15%。航向重叠度与飞机沿航线飞行的速度和航摄仪有关；旁向重叠度与相邻航线之间的距离有关。

所以为保持航空摄影时的重叠度，一般的航摄仪中都装有航向重叠度的调整装置。不同航摄仪的重叠度调整装置各有不同，但是目的只有一个：保持重叠度。应该指出，在航摄外业工作前，仍然需要根据测区的地形状况制作航摄计划，以保证重叠度的同时能降低航摄费用和材料消耗。

2. 影像位移补偿装置

众所周知，在对运动着的物体进行拍照时，会因为物体与相机间的相对运动（像移）而造成影像模糊。航空摄影时，虽然航摄仪的曝光时间很短，但由于飞机的飞行速度很快，所以也会产生像移现象。像移的大小与摄影比例尺、航摄仪焦距及曝光时间成正比，而与航高成反比。航摄时，航摄仪的焦距是固定的，摄影比例尺与航高也都有规范严格要求的，所以三者的值基本是不变的。要减小像移值，只有缩短曝光时间，而缩短曝光时间肯定会限制航摄条件，导致航片质量的下降。一个可行的办法就是设法消除像移的影像。

为了消除像移的影像，一般的航摄仪中都装有像移补偿装置。

3. 航摄仪自动曝光系统

为获得满意的影像质量，航空摄影时必须正确测定曝光时间。航摄仪的曝光时间取决于多种因素，主要有航摄胶片的感光度、景物亮度、大气条件及航摄仪的光学特性等。为精确测定曝光时间，现代航摄仪都装置了自动测光系统，通过光敏探测元件测定景物的亮度，并根据航摄胶片感光度由微处理机计算出曝光时间，再通过自动控制机构，自动调整光圈或曝光时间。

自动曝光系统按结构可分为"光圈优先"和"快门优先"两种，由于航摄的条件变化比较大，因此现代航摄仪自带的自动曝光系统大多是两者的优化组合。

3.3 航摄设计编写

在进行航空摄影作业之前，一定要进行规范的航空摄影技术设计，制定详细的航空摄影设计书。航空摄影项目均应进行技术设计并提交相关主管部门审核，经过批准后方可实施。

进行航摄技术设计时，一方面，用户单位要根据对航摄资料的使用要求选择确定技术参数，另一方面，航摄单位应根据用户单位提出的技术要求，结合自身的设备及技术力量进行设计。航摄设计总体的原则便是要严格按照其基本要求及技术方案来进行。

航摄设计的基本要求主要包括下面几个方面：航摄设计应从实际出发，积极采用适用的新技术、新方法和新工艺；航摄设计应体现整体性原则，满足用户的要求，以可靠的设计质量确保航摄成果质量；设计方案应体现经济效益和社会效益的统一；航摄设计书应内容明确，文字简练，资料翔实；航摄设计书的名词、术语、公式、符号、代号和计量单位等应与有关法规和标准一致；航摄设计的依据为航空摄影合同、相关的法规和技术标准。

3.3.1 航摄设计的技术要求

技术要求一般由用户单位参考航摄规范提出。航摄设计的技术要求主要由下列参数组成：精度要求、设计用图的选择、航摄比例尺选择、航摄分区的划分、航线敷设、航摄季节、航摄时间等内容。下面介绍各技术参数的具体要求：

1. 精度要求

航摄设计应确保航摄成果能够满足航测成图精度的要求。

2. 航摄设计用图的选择

设计用图要选择质量可靠、现势性较好的地形图作为航摄设计用图，最好选用摄区新近出版的基本比例尺地形图；设计用图比例尺一般根据成图比例尺按表 3-1 选择，亦可按照 GB6962，GB/T 15661 的有关规定进行选择。

表 3-1　　　　　　　　　　　　　**成图比例尺和设计用图比例尺对应关系**

成图比例尺	设计用图比例尺
≥1∶1000	1∶10000 或 1∶10000DEM
≥1∶10000	1∶25000 ~ 1∶50000 或 1∶50000DEM
≥1∶100000	1∶100000 ~ 1∶250000 或 1∶50000DEM、1∶100000DEM、1∶250000DEM
	DEM 为数字高程模型

3. 航摄比例尺

可根据成图目的、摄区的具体条件由航摄单位与用户单位共同商议决定。一般可在按表 3-2 给出的参考范围选择。

表 3-2　　　　　　　　　　　　　**成图比例尺和航摄比例尺对应关系**

成图比例尺	航摄比例尺
1∶500	1∶2000 ~ 1∶3500
1∶1000	1∶3500 ~ 1∶7000
1∶2000	1∶7000 ~ 1∶14000
1∶5000	1∶10000 ~ 1∶20000
1∶10000	1∶20000 ~ 1∶40000
1∶25000	1∶25000 ~ 1∶60000
1∶50000	1∶35000 ~ 1∶80000
1∶100000	1∶60000 ~ 1∶100000

4. 航摄分区的划分

当航摄区域的面积较大，航线较长或摄区地形起伏较大时，应当进行航摄分区。航摄分区的分区界线应与图廓线相一致；分区内的地形高差一般不大于 1/4 相对航高；分区内的地物景物反差、地貌类型应尽量一致；根据成图比例尺确定分区最小跨度，在地形高差许可的情况下，航摄分区的跨度应尽量划大，同时分区划分还应考虑用户提出的加密方法和布点方案的要求；当地面高差突变，地形特征显著不同时，在用户认可的情况下，可以破图幅划分航摄分区；划分分区时，应考虑航摄飞机侧前方安全距离与安全高度；当采用GPS（全球定位系统）辅助空三航摄时，划分分区除应遵守上述各规定外，还应确保分区界线与加密分区界线相一致或一个摄影分区内可涵盖多个完整的加密分区。用户单位可以根据上述要求和实际情况制定具体的航摄分区要求。

5. 航线敷设

航线飞行方向一般设计为东西向，特定条件下亦可按照地形走向或专业测绘的需要，设计南北向或沿线路、河流、海岸、境界等任意方向飞行；按常规方法敷设航线时，航线应平行于图廓线，位于摄区边缘的首末航线应设计在摄区边界线上或边界线外；根据合同要求航线按图幅中心线或按相邻两排成图图幅的公共图廓线敷设时，应注意计算最高点对摄区边界图廓保证的影响和与相邻航线重叠度的保证情况，当出现不能保证的情况时，应调整航摄比例尺；对水域、海区敷设航线时，应尽可能避免像主点落水，应保证所有岛屿覆盖完整并能组成立体像对；采用 GPS 领航时，应计算出每条航线首末摄站的坐标；GPS 辅助空三航摄时，加密分区航线两端按合同要求布设控制航线；当沿图幅中心线敷设航线时，平行于航摄飞行方向的测区边缘应各外延一条航线。

6. 选择航摄季节

应在合同规定的航摄作业期限内，综合考虑下列主要因素：摄区晴天日数多、大气透明度好，光照充足，地表植被及其覆盖物对摄影和成图的影响最小，彩红外、真彩色摄影，在北方一般避开冬季。

7. 航摄时间的选定

航摄时间应既要保证具有充足的光照度，又要避免过大的阴影，一般按表 3-3 规定执行。

表 3-3

地形类别	太阳高度角（h_θ）	阴影倍数/倍
平地	>20°	<3
丘陵地、小城镇	>30°	<2
山地、中等城市	≥45°	≤1
高差特大的陡峭山区和高层建筑物密集的大城市	限在当地正午前后各 1h 进行摄影	<1

3.3.2 航摄设计书的编制

航摄设计书的内容应包括：封面、任务说明、航摄因子计算表、飞行时间计算表、航摄材料消耗计算表、GPS 领航数据表、摄区略图等。

设计书的每一项内容都有严格的规范和要求，比如航摄设计书封面就应包括设计书名称、摄区代号、用户单位、审批单位及编制时间等要素。

航摄设计书的编制要遵循一定的方法与程序，主要涉及的工作有：准备工作，划分航摄分区，确定分区平均平面高程，绘制摄区略图，计算航摄主要数据和编写任务说明。

1. 准备工作

航摄设计的准备工作主要有了解合同内容与用户要求；准备技术设计用图，根据用户合同中提供的摄区范围图，将摄区范围准确地标绘在设计用图上。

2. 划分航摄分区

根据合同及航摄分区的划分原则在地形图或 DEM 上将摄区划分为若干个航摄分区。分区划分完毕，按从左到右，自上而下的顺序，在摄区范围图及设计用图上对分区进行编号。

3. 确定分区平均平面高程

分区平均平面高程是将分区内个别突出最高点与最低点舍去不计外，使分区内高点平均高程与低点平均高程面积各占一半的平均高程平面。

采用 DEM 设计时，分区平均平面高程用分区内网格点高程值的平均值来作为平均平面高程。在地形图上选择高程点计算分区平均平面高程要根据地形状况的不同选择不同的计算方法，一般将地形状况划分为三个级别：平原和地形高差不大的平缓地区，丘陵和地形起伏较大的地区，地形高差显著、陡峭的山区，然后根据级别的不同选择不同的计算方法。

总之，平均平面高程的确定应确保合同规定的航摄比例尺精度，同时还要计算航摄飞机飞行安全高度和侧面及前方安全距离，检查航摄飞行范围内地形是否满足飞行安全的要求，计算方法可参考相关规范。

4. 绘制摄区略图

摄区略图应绘制规范，字体工整，图上数据准确；图纸规格和绘制线条宽度也要符合规范。摄区略图的注记内容包括：摄区代号，分区编号，图幅编号，摄区经纬度，重要城镇、河流、湖泊、国界及禁飞区以及说明等。

5. 计算航摄主要数据

航摄因子计算主要内容包括：地区困难类别，分区面积，航摄比例尺，分区平均平面高程，绝对航高，基线长度，航线间隔，航线长度以及分区相片数等。当采用 GPS 领航方法时，还应按航线计算领航数据。

6. 编写任务说明

任务说明的内容主要有：任务来源、编制设计依据及基本概况；使用机场、机型、航摄仪类型及焦距、领航方法；摄区地貌、地物情况、气象状况、执行任务的有利与不利因素；对航摄资料提供的要求；特别需要说明的其他事项；如国界、禁区、安全高度保证等。

航摄设计书编制完成以后，要经过校核、审批等程序，审批通过，方可按其组织生产。

3.4　航摄任务实施

航摄任务的实施要严格按照用户单位与航摄单位签订的合同要求和航摄设计书的规定来执行。

除航摄计划书规定的内容外，进行航摄任务实施前一般还要进行试飞和试摄，需要试飞和试摄的情况包括：新改装的航摄飞机，新编成的航摄机组，航摄机组为掌握摄区的地形特征及气象条件等实况在正式作业前组织的视察飞行；每年正式作业前，须对每台航摄仪及各组件进行试摄。

通过对试飞、试摄所获成果的分析研究，确认各项设备符合正常工作状态后，方可正式开始航摄。

航摄资料的质量将直接影响测绘成图的功效、精度和对地物信息的提取。因此，在航空摄影实施过程中，如何确保航摄质量乃是航空摄影的技术关键。

当航摄技术参数确定后，航摄资料的质量主要包括飞行质量和摄影质量，二者控制不好，则会直接导致航摄成果质量不达标，造成航摄任务的失败和巨大的经济损失。

3.4.1 飞行质量要求

飞行质量主要包括像片重叠度，像片倾斜角和像片旋角，航线弯曲度和航高，图廓覆盖和分区覆盖以及控制航线等内容。

1. 像片重叠度

航向重叠度一般应为 60% ~ 65%；个别最大不应大于 75%，最小不应小于 56%。沿图幅中心线和沿旁向两相邻图幅公共图廓线敷设航线，要求实现一张像片覆盖一幅图和一张像片覆盖四幅图时，航向重叠度可加大到 80% ~ 90%。

相邻航线的像片旁向重叠度一般应为 30% ~ 35%，个别最小不应小于 13%。按图幅中心线和旁向两相邻图幅公共图廓线敷设航线时，至少要保证图廓线距像片边缘不少于1.5cm。

前面描述了像片重叠度的基本要求，但是实际航空摄影的情况比较复杂，由于地形起伏、像片倾角和旋角等因素的影响，不可能保证同一摄区内都保持相同的航向和旁向重叠度。因此，为了确保重叠度，航摄机组人员在航摄时应严格控制航向，保持航线的平直飞行，整平好航摄仪并尽可能将旋偏角改正到最低限度。

2. 像片倾斜角和像片旋角

航摄仪主光轴与通过物镜的铅垂线之间的夹角称为像片倾角。相邻像片的主点连线与像幅沿航线方向的两框标连线之间的夹角称为像片的旋角。像片倾角和像片旋角不但影响像片的重叠度，而且还会影响成图精度。

像片倾斜角一般不大于 2°，个别最大不大于 4°。

像片旋角可根据航摄比例尺及航高设定一个最大值，航摄比例尺越大，像片旋角的允许值就越大，但一般以不超过 8° 为宜。当采用数字测图方法时，在确保像片航向和旁向重叠度满足要求的前提下，像片旋偏角可放宽 2° 执行。此外，在一条航线上达到或接近最大旋偏角的像片数不应超过三片，且不应连续；在一个摄区内出现最大旋偏角的像片数不应超过摄区像片总数的 4%。

3. 航线弯曲度和航高

航线弯曲度是指航线长度与最大弯曲度之比。航线弯曲度会影响像片的旁向重叠度，弯曲度过大还会产生航摄漏洞；另外，航线不规则还会增加航测作业的困难，影响内业加密精度。航高与航摄的比例尺息息相关，不同像片航高差相差太大会导致比例尺的不一致性，影响像片的立体观测。

航线弯曲度一般不大于 3%。

同一条航线上相邻像片的航高差不应大于 20m（较小比例尺可以放宽到 30m）；最大航高与最小航高之差不应大于 30m（较小比例尺可以放宽到 50m）。航摄分区内实际航高与设计航高之差不应大于 50m；当相对航高大于 1000m 时，其实际航高与设计航高之差不应大于设计航高的 5%。

4. 图廓覆盖和分区覆盖

为便于航测成图的接边和避免长生航摄漏洞，进行航空摄影时要使得到的影像超出图廓线一部分，所以在航摄时要确保摄区边界、分区和图廓的覆盖度。具体的要求如下：

摄区边界覆盖保证：航向覆盖超出摄区边界线应不少于一条基线；按图幅中心线和旁向两相邻图幅公共图廓线敷设航线时，旁向覆盖超出摄区边界线（图廓线）最少不少于像幅的 12％；旁向覆盖超出摄区边界线一般不少于像幅的 50％，最少不少于像幅的 30％。

分区覆盖保证：相邻分区间如航线方向相同，旁向正常接飞，航向各自超出分区界线一条基线；按图幅中心线和旁向两相邻图幅公共图廓线敷设航线时，旁向超出分区界线最少不少于像幅的 12％；相邻分区间航线方向不同时，航向各自超出分区界线一条基线，旁向超出分区界线一般不少于像幅的 30％，最少不少于像幅的 15％。

图廓覆盖保证：由于摄区边界线和分区界线一般均与图廓线重合，对图廓覆盖的要求与上述相同。

5. 按图幅中心线和旁向两相邻图幅公共图廓线敷设航线的飞行质量

实际航迹偏离图幅中心线一般不应大于旁向图廓边长的 1/5；偏离旁向两相邻图幅公共图廓线一般不应大于航线间隔的 1/5（相当于旁向图廓边长的 2/5）。当实际航迹偏离超过上述限值时，其旁向覆盖应仍能保证图廓线距像片边缘不少于 1.5cm。

要求一张像片覆盖一幅图和一张像片覆盖四幅图时，中心片的选择要保证图廓线距像片边缘一般不少于 2.5cm，最少不少于 1.5cm，航线首末两端过渡片的像主点应位于图廓线（或摄区边界线）之外，过渡片与中心片应能构成正常重叠的立体像对。

6. 控制航线

位于摄区周边的控制航线，要保证其像主点落在摄区边界线上或边界线之外，两端要超出摄区边界线四条基线。位于摄区内部加密分区间的控制航线，要保证其像主点落在所跨乘的加密分区界线两侧测图航线半条基线的范围内，两端要超出分区界线四条基线。控制航线间的交叉衔接处，要保证有不少于四条基线的相互重叠。

控制航线的摄影比例尺应比测图航线的摄影比例尺大 25％左右，应有不小于 80％的航向重叠度，要保证隔号像片能构成正常重叠的立体像对。

7. 漏洞补摄与重摄

航摄过程中可能会因重叠度不够而产生航摄漏洞的问题。航摄过程中出现的相对漏洞和绝对漏洞应及时补摄。漏洞补摄应按原设计要求进行。

3.4.2 摄影质量要求

航摄影像的质量原则上应满足下列要求：能够正确地辨认出航摄底片上各种地物的影像；在航测加密和测图中，测绘仪器系统中的测标能够精确地照准地物影像的边缘或中心；能够精确地测绘出被摄物体的轮廓以便正确量测地物大小和面积。

所以，航摄底片的构像质量、最大曝光时间和压平误差将直接影响成像结果能否满足上述要求。这就要求在摄影过程中控制好各个环节，包括航摄仪质量、胶片的选择、大气和光照条件和冲洗条件等多种因素。

显然，航摄影像的质量最终是反映在最后获得的航摄影像上。所以，用目视透光法直接观察底片，应影像清晰、层次丰富、反差适中、色调柔和；应能辨认出与航摄比例尺相适应的细小地物影像，能够建立清晰的立体模型，能确保立体量测的精度。底片上框标影像和其他记录影像清晰、齐全。底片上不应有云、云影、画痕、静电斑痕、折伤、脱膜等缺陷。

采用彩色、彩色红外航空胶片进行摄影时，应正确选择滤光镜，确保曝光量正常，底片密度和反差适中、影像清晰、色彩丰富、颜色饱和、彩色平衡良好。彩色红外摄影红外特征明显，相邻底片上相同地物的彩色基调基本一致。有关彩色红外摄影影像质量控制的方法和标准可按照相关规范的规定执行。

3.5 航摄质量检查

航摄工作结束并将航摄资料送审后，就可以着手验收航摄资料。除了清点按合同要求应提供的资料名称和数量外，主要检查航摄负片的飞行质量和摄影质量。航摄单位应按第3.4节的要求对飞行质量和摄影质量进行检查。

3.5.1 飞行质量检查

1. 像片重叠度

将相邻两张像片按其中心附近2cm范围的地物重叠后，再将重叠百分尺的末端置于第二张像片的边缘，读取第一张像片边缘在重叠百分尺上的分划值，此值即为像片的航向重叠度。如摄区为山地或高层建筑物密集的城市，则按相邻像片主点连线附近1cm范围内的地物重叠后，再将一张像片边缘的直线影像转绘到相邻像片上形成的曲线，用重叠百分尺量取该曲线到像片边缘的最小分划值，即为最小航向重叠度。

检查相邻航线像片旁向重叠度时，将相邻像片旁向重叠中线附近1cm范围内的地物重叠后，再按上述检查航向重叠度相同的方法，用重叠百分尺量取像片的旁向重叠度。

2. 像片倾斜角

一般根据像片边缘或角隅上圆水准气泡影像偏离其中心的程度进行检查，尤其要注意检查整条航线相邻像片上水准气泡偏离其中心的方向和位置是否有明显的移动。无水准气泡记录的像片，可在已有的地形图上选择若干明显地物点作为控制点，用摄影测量方法进行测算检查。

3. 像片旋偏角

首先在两相邻像片上各自标出主点位置，然后按主点附近地物将两张像片重合，并将两主点相互转刺，在两张像片上分别绘出两主点连线和航向框标间连线所形成的夹角，用量角器量测两个夹角的角度值，其中较大的一个夹角即为旋偏角。

4. 航线弯曲度

平坦地区按像片索引图检查，有起伏的地区按每条航线分别镶嵌检查。用直尺量测航线两端像主点之间直线的长度和偏离该直线最远的像主点到直线的垂距，可按式（3.1）计算航线弯曲度：

$$E = \frac{\delta}{L} \times 100\% \tag{3.1}$$

式中：E——航线弯曲度；

δ——像主点偏离航线首末主点连线的最大距离，单位为毫米（mm）；

L——航线首末像主点连线的长度，单位为毫米（mm）。

5. 航高保持

在已有地形图及其相应于立体像对相邻像片重叠中线附近，分别量取相应地物点之间的长度，求得相邻像片间的比例尺之差，再计算得相邻像片的航高差。

或者将像片按航线和分区镶嵌，在已有地形图上和像片上分别量取相应地物之间的长度，按地面最高处和最低处分别求得各像片的最大比例尺和最小比例尺，然后取中数求得相对于摄影基准面的实际比例尺。根据比例尺按航线和分区分别算出同航线上的最大航高和最小航高之差和分区的实际航高与设计航高之差。

6. 摄区、分区、图廓覆盖

将像片按重叠镶嵌，对照航摄设计图上所标出的图廓、分区和摄区的边界及其附近的同名地物，确定所摄像片的覆盖情况。

7. 敷设航线

按图幅中心线和旁向两相邻图幅公共图廓线敷设航线。将像片分航线按重叠镶嵌，对照航线设计图上标出的图幅中心线或公共图廓线，把每张像片的主点转标到图上的相应位置，量测出实际航迹线相对于图幅中心线或公共图廓线的偏离值。

8. 控制航线

按第 5 条的方法检查控制航线的摄影比例尺；按第 1 条的方法检查控制航线的像片重叠度；将控制航线像片按重叠镶嵌后，按第 6 条规定的方法检查控制航线的覆盖情况。

9. 漏洞

按第 1 条的方法检查航摄相对漏洞；按第 1 条和第 6 条的方法检查航摄绝对漏洞。

3.5.2 摄影质量检查

摄影质量主要检查影像质量，像点位移，压平误差，底片框标，底片水洗质量检查等。另外还要注意框标的影像是否清晰、齐全，像幅四周指示器件的影像是否清晰可辨；由于太阳高度角的影响，地物阴影的长度是否超过航摄规范的规定；航摄负片是否存在云影、画痕、折伤和乳剂脱胶等现象；航摄负片的最大密度、最小密度和影像反差是否符合规定要求；航摄中曝光和冲洗条件是否正常。

1. 影像质量

一般在每条航线上均匀抽取 3~4 张底片，在每张底片上选择具代表性的测点，用量测孔径为 1.0mm 的密度计直接量测底片的密度值。获取一系列的灰雾密度、最小密度和最大密度数据。然后按卷（筒）取其平均值，得到每卷（筒）底片的平均密度，灰雾密度，最小密度，最大密度。采用高温快速自动冲洗处理的航摄底片，按冲洗光楔、特性曲线和 r 值进行分析、检查。

2. 像点位移

根据航摄像片比例尺和飞行作业原始记录中记载的飞机地速、曝光时间等数据，按式（3.2）计算：

$$\delta_{max} = \frac{t_{max} \cdot W}{m_{最高点}} \tag{3.2}$$

式中：δ_{max}——飞行运动产生的影像最大位移值，单位为毫米（mm）；

t_{max}——最大曝光时间，单位为秒（s）；

W——飞机飞行时的地速，单位为米/秒（m/s）；

$m_{最高点}$——分区内最高点上的像片比例尺分母。

3. 压平误差

检查压平误差时应每个暗匣应检查两个或四个连续立体像对；定向点至方位线的距离应不小于 9.5cm，检查点应分布均匀，如图 3-3 所示，每个像对不少于 10 个点；用于检查的底片应影像质量优良、重叠正常、倾斜角和旋偏角小、框标影像清晰齐全；尽可能选择平坦或起伏不大的丘陵地区的底片。

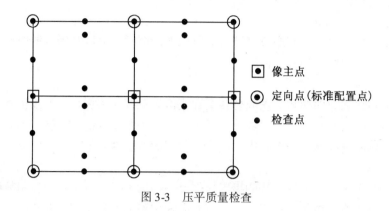

图 3-3　压平质量检查

可采用解析法对压平质量进行检查。

（1）按照摄影测量原理，将欲检查的两个或四个连续立体像对，在精密立体坐标量测仪上进行方位线定向后，测定每个像对中定向点和检查点的坐标与视差，然后用计算机进行连续像对相对定向解算。在解算相对定向元素的同时，检查模型定向点和检查点的剩余上下视差的大小，以确定压平质量。

（2）量测时，定向点的点位应位于像片最大有效面积的边缘。计算时，程序中应包括对物镜径向畸变差、大气折光差、地球曲率差及片基变形引起的误差进行改正。

3.6　习　　题

1. 在实践中，怎样根据成图比例尺来确定合适的摄影比例尺？
2. 为保证摄影测量的顺利进行，在摄取像片时航摄飞行应满足哪些要求？
3. 编写航摄设计书的主要内容有哪些？

第4章 像片调绘

像片调绘是根据地物在像片上的构像特征，在室内或野外对像片进行判读调查，识别影像的实质内容，并将影像显示的信息按照用图的需要综合取舍后，用图式规定的符号在像片上表示出来。对于影像中没有显示而地形图又需要的地物，要用地形测量的方法补测描绘到像片上，最终获得能够表示测区地面地理要素的调绘片。

为保证相片判读和调绘等部分内容的规范性，本章的像片判读方法、像片调绘原则、调绘片整饰等内容参考摄影测量外业的最新国家标准《GB/T 7931—2008 1：500 1：1000 1：2000 地形图航空摄影测量外业规范》，《GB/T 13977—1992 1：5000 1：10000 地形图航空摄影测量外业规范》，《GB/T 12341—2008 1：25000 1：50000 1：100000 地形图航空摄影测量外业规范》编写。

4.1 实习内容和要求

野外调绘目前仍然是大比例尺航测成图的常用方法。在确定调绘面积及选择调绘路线后，利用航摄像片对地形图各要素调绘，如对居民地、工业矿区设施及管线、道路、行政区、水系、植被、地貌等要素进行调绘。主要注意以下几个方面：一是掌握目视解译特征，做到准确解译和描绘；二是正确掌握综合取舍的原则，综合合理，取舍恰当；三是掌握地物地貌属性、数量特征和分布情况，依据图式的说明和规定，正确运用统一的符号、注记描绘在像片上。

4.2 判读标志

像片上地物的构像有各自的几何特性和物理特性，如形状、大小、色调、纹理、阴影和相互关系等，依据这些特性可以识别地物内容和实质。这些影像的特性是像片判读的依据，被称为像片的判读标志。

像片判读是根据影像识别地物。一般来说，影像能保持物体原有形状，能反映物体相互间大小比例，因此形状、大小是目视判读的主要标志。此外，地面不同类型地物在像片上会呈现出深浅不同的色调，影像的色调取决于物体的颜色、亮度、含水量、太阳的照度、摄影材料的特性，借助影像的色调能帮助识别判定地物的类型、摄影季节、时间等。例如水稻收割期所摄的航空像片，稻田影像已由生长期的深灰色、黑色逐渐变成淡灰色。像片影像的图形结构能反映地物、植被的影像特点和构像规律。如大比例尺树木影像成斑点图形，而小比例尺树木则成颗粒形状，依据这些特点和规律即能辨别地物的类型与性质。又如针叶林在航空像片的影像呈深黑色、树冠形状为尖锥形，影像呈现小颗粒点状影纹。阴影是高出地面的物体受阳光斜射而产生的，分本影和落影。物体未被照射的阴暗部分在像片的构像称本影，借助本影可判别山脊、冲沟、河谷及高大建筑物。阳光照射下物体影子的构像称落影。落影可以确定地物高度与形状。另外像片判读时还应考虑地面各种地物与自然现象之间的联系和规律，这些联系、规律构成了像片判读的间接标志。例如河流方向可以利用沙滩的形状、支流的注入方向以及停泊船只的方位来间接确定。河心洲的尖端指示出河流下游的方向。河流停泊的船头方向指向河流的上游。

4.3 影像判读方法

4.3.1 调绘像片的准备

调绘像片的准备包括像片的准备和调绘面积的划分。

调绘像片应该选择影像清晰与成图比例尺相近的像片。为了便于像片的着墨和整饰，调绘前用橡皮在像片上来回擦拭，可以去掉像片光泽增大吸附墨水的能力。

像片调绘要选用测区隔号像片，作业时除线性地物外，一般按像片顺序逐片调绘完成。

各张像片划分的调绘面积要保证测区调绘面积不出现漏洞和重叠。划分面积的线条应选在航向和旁向中线附近，平坦地区可画成直线与折线，对于丘陵与山地，像片东南边画成直线或折线，西北两边由邻边立体转绘。此外，调绘面积线要偏离像片边缘 1cm 以上，要尽量避免分割居民地和重要地物。如图 4-1 所示。

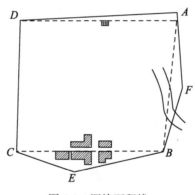

图 4-1　调绘面积线

4.3.2 全野外调绘法

全野外调绘法是摄影测量外业调绘作业的主要方法。出发调绘前应计划具体调绘路线和调绘面积，要立体观察确定调绘重点和疑难地物，以便做到心中有数，调绘时有的放矢。选择调绘路线以少走路又不漏掉要调绘的地物地貌为原则。平坦地区通视良好，一般沿居民地和主要道路调绘。居民地分布零乱地区可以采用"放射花形"或"梅花瓣形"为调绘路线，如图 4-2 所示。丘陵地区沿连接居民地的道路调绘，从山沟进入走到山脊，从山脊再下到另一条山沟形成"之"字形路线。山地应尽量沿半山腰走，以便兼顾看到山脊山沟的地物地貌。城市、集镇先调绘外围再进入街区，至于河流、公路等线状地物可以打破片号顺序沿着线条走向按线调绘。

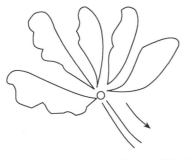

图 4-2　调绘路线

实地野外调绘时，相隔一定距离要停下来"站立"调绘，每个站立点要标定像片的方位，要辨认出站立点在像片上的位置关系，然后对照地物与影像经比较辨认，用符号将判读的地物地貌标记在像片上。居民地、工矿企业、建筑物、方位物、道路及附属物、桥梁、水系、植被等地理要素都属调绘之列。像片上未显示的地物如高压线、电话线、水井等要绘在像片上，地名、土壤性质、河流方向和流速、道路等级、水文地理资料要按图式要求逐一调查注记。现场判读调绘后要及时着墨固定。

为了提高像片调绘的效率和质量，野外沿计划路线调绘时，要以线带面沿调绘路线两侧成面状铺开，尽量扩大调绘效果提高工效。站立点要选在易判读、视野广、看得全的位置，判读时要采用"远看近判"的方法，远看可以看清物体的总貌轮廓及相互位置关系，近判可以确定具体物体的准确位置。判读的地物要合理地综合取舍，重点地物突出地表示在调绘片上。每站、每天、每片的调绘工作要及时完成不要拖延遗漏。另外要注意调查访问，依靠当地群众可以及时地发现隐蔽的地物地貌。在少数民族地区要发挥翻译向导的作用。

4.3.3　综合判读调绘法

综合判调的主要工作是室内判绘和野外调绘。

室内判绘是在室内依据测区收集的各种资料，对像片进行观察、分析和比较然后判读出影像的内容、数量、性质，并着墨描绘在像片上，对于没有足够把握判读的地物则用铅笔画出后供野外调绘确定。

室内判绘前要全面收集测区资料，其中包括测区保存的现有资料、踏勘采集的典型判读调绘样片、典型样片图集以及测区自然地理气候状况、农植物分布种植等。测区保存的现有资料有行政规划图、交通图、电力线及通信布置图、水利工程图、农业规划土壤图和测区地名普查图等，这些资料虽然原始粗略，但对室内判读仍有参考价值。测区的典型调绘样片是野外踏勘时选择一片或数片能代表测区主要地物地貌的像片，经过全野外调绘着墨整饰而成，并加有必要的分析判读记载，典型调绘样片能反映测区主要地物地貌的成像规律和特性。典型样片图集收集有测区主要地物地貌的航摄像片，有的还附有地面照片以及地物地貌的成像说明和分析。

综合判读调绘第二项工作是野外调绘。野外调绘是对室内判绘的检查与补充。事先要计划调绘路线、调绘重点以及一般查看的内容。调绘要重点检查室内判绘没有把握的地物，如微小的线状点状地物、依比例尺与不依比例尺或半依比例尺独立房屋相互间的区别。室内判绘的地物在实地如果发现错误要马上修改补绘。

综合判读调绘法可以将大量外业调绘工作转入室内完成，能减轻外业调绘的劳动强度和提高像片调绘的工效，与全野外调绘相比有明显的优越之处。但是目前由于受到客观条件的限制，室内判绘的准确率还达不到全野外调绘的水平，在我国尚未广泛普及使用。

4.4　像片调绘原则

《1∶500、1∶1000、1∶2000地形图航空摄影测量外业规范》（GB 7931—87）规定如下：

（1）调绘必须判读准确，描绘清楚，图式符号运用恰当，各种注记准确无误。

（2）一般采用放大片调绘，放大倍数视地物复杂程度而定。调绘像片的比例尺，一般不小于成图比例尺的1.5倍。

（3）调绘像片通常采用隔号像片，为使调绘面积界线避开复杂地形，个别可以出现连号。调绘面积界线，全野外布点应是像片控制点的连线；非全野外布点应是像片重叠部分的中线。如果偏离，均不应大于控制像片上1cm。界线不宜分割重要工业设施和密集居民地，也不宜顺沿线状地物和压盖点状地物。界线统一规定右、下为直线，左、上为曲线，调绘面积不得产生漏洞。自由图边应调绘出图外6mm。调绘面积的划分及整饰要求见图4-3。

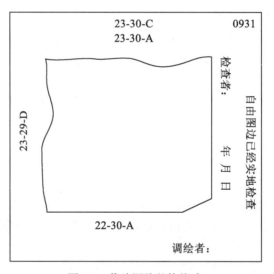

图4-3　像片调绘整饰格式

（4）像片调绘可以采取先野外判读调查，后室内清绘的方法；也可采取先室内判读、清绘，后野外检核和调查，再室内修改和补充清绘的方法。不论采取哪种方法，对像片上各种明显的、依比例尺表示的地物，可只作性质、数量说明，其位置、形状以内业立体模型为准，调绘片应分色清绘。

（5）影像模糊地物、被影像或阴影遮盖的地物，可在调绘像片上进行补调，补调方法可采用以明显地物点为起始点的交会法或截距法，补调的地物应在调绘像片上标明与明显地物点相关的距离。需补的地物较多时，应把范围圈出并加注说明，待内业成图后再用平板仪补测。

航摄后拆除的建筑物，应在像片上用红色"×"画去，范围较大时应加说明。

（6）建筑物的投影差改正，当采用全能法成图时一般由内业处理。

（7）路堤、路堑、陡坎、斜坡、陡岸和梯田坎等，当其图上长度大于 10mm 和比高大于 0.5m（2m 等高距图幅大于 1m）时须表示；当比高大于 1 个等高距时须适当量注比高。比高小于 3m 时量注至 0.1m，大于 3m 时量注至整米。

（8）全能法成图图上需要注记的比高，当大于 1m 时可由内业测注，但在阴影遮盖的沟谷和隐蔽地区仍由外业量注。

《1:5000、1:10000 地形图航空摄影测量外业规范》（GB/T 13977—92）规定如下：

（1）像片调绘可采用全野外调绘法或室内外综合判调法。采用综合判调法时，应严格执行 ZB CH102。

（2）调绘像片的比例尺，一般不小于成图比例尺的 1.5 倍，地物复杂地区还应适当放宽。

（3）调绘应判读准确，描绘清楚，图式符号运用恰当，各种注记准确无误。对地物地貌的取舍，以图面允许载负量和保持实地特征为原则。

（4）像片上有影像的地形元素应按影像准确绘出，其最大移位差不得大于像片上 0.2mm。

（5）调绘面积一般应在具有 20% 重叠的像片上划出，并不得产生漏洞或重叠。调绘面积线离开控制点连线不得大于 1cm；非全野外补点时，调绘面积线绘在调绘像片间重叠的中部。调绘面积线距像片边缘应大于 1cm，避免与现状地物重合或分割居民地。调绘像片整饰格式见图 4-4。

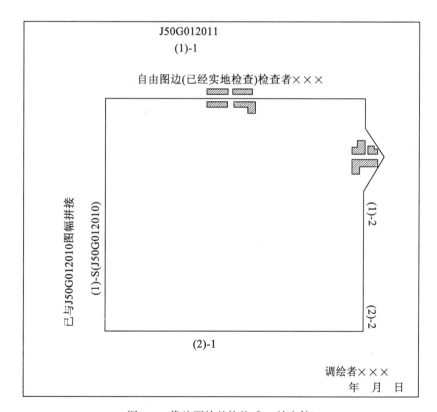

图 4-4　像片调绘整饰格式（补充件）

（6）调绘像片清绘颜色：地物及注记用黑色，地貌用棕色，水系用绿色，水域面积普染用蓝色。使用简化图式符号时，其有关要求按 GB 5791 附录 B 的规定执行。像片平面图测图可采用单色清绘。

（7）当地物、地貌比高或深度大于 2m 时，须适当测注。3m 以下的注至 0.1m，3m 以上的注至整米。立测法成图时，一般由内业测注；但立体影像不清时，仍由外业量注。像片平面测图时，全部比高由外业量注。

（8）对航摄后的重要新增地物，在作业队离测区前应进行调绘或补测。对航摄后拆除的地物，应在原影像上用红色绘"×"。

（9）地形图上军事设施和国家保密单位的表示，按附录 F 的规定执行。

（10）对新增的图式符号，应在东图廓外（或像片边缘）及图历簿中加以说明。

（11）并在内业成图前报国家测绘地理信息局审批。

4.5 调绘片整饰

调绘像片的整饰，应按下列规定执行：

（1）图幅编号注于调绘片正上方，像片号注于调绘片右上角。

（2）调绘面积界线用蓝色，自由图边、与已成图接边界线用红色。

（3）接边线右、下边为直线，左、上边为曲线。线外须注明接边图号。

（4）调绘内容整饰按图式符号规定执行，但须分色清绘：地物要素及注记用黑色，地貌要素及注记用棕色，水系要素及注记用绿色，地类界和屋檐宽度注记用红色。

（5）调绘者、检查者均须签名。

图 4-3、图 4-4 所示为像片调绘整饰格式。

4.6 像片调绘实验

4.6.1 实验目的

（1）根据航摄像片的成像特征，采用综合判读调绘法判读像片上的各类地物和地貌，做到准确判读与调绘；

（2）正确掌握综合取舍原则，做到取舍恰当、综合合理；

（3）根据各种地物地貌性质，数量特征和分布情况，按图式规定的符号，描绘在相应影像上。并做相应的注记；

（4）掌握描绘技术，满足像面整饰的要求。

4.6.2 实验要求

每人一组，23cm×23cm 像片一张，透明纸一张。按要求画出测绘校区调绘区内的调绘内容，取舍恰当，综合合理，注意地物的更改部分，要填补原相片上没有的地物。

4.6.3 实验仪器设备

皮尺，放大镜，各种笔，透明纸，反光立体镜，袖珍立体镜，地形图、各类航空像片和卫星像片。

4.6.4　实验步骤

（1）按分组在单张像片上先区划出航片的调绘面积，具体参考"影像判读方法"。

（2）使用放大镜、立体镜等工具，在室内预判读出影像中的主要地物，对于不明确或者无法判读的地类应该特别标明，以便外业现地查对核实。

（3）进行野外判读之前，应该根据实际判读地区设计好外业调绘行进线路，具体参考"全野外调绘法"。

（4）进行野外调绘，具体参考"综合判读调绘法"。

（5）地物调绘及修测的方法：

● 按外业路线采取走到、看清、测准、画真、问清、查实等方法进行。

● 在新增地物的附近，根据原有明显地物确定调绘者所在的位置，并以此位置与明显地物进行像片定向。

● 根据四周明显地物的相关位置比较判定或利用邻近两个明显地物点量取至新增地物点的距离。按该处的像片比例尺计算出像片上的长度，以两明显地物点的影像交会出新增地物，并刺点。

● 在像片反面，用铅笔注记调绘的地物，如铁路、公路、河流、居民点的名称并以相应的符号表示。

● 根据像片上影像特征与实地对照，将不同地类界线勾绘出来。

4.6.5　实验成果

每人提交一份实习报告：数据资料、调绘结果、实习体会和建议。

4.7　习　　题

1. 简述像片调绘的主要内容。
2. 详细介绍像片判读的主要方法。
3. 叙述大小比例尺地形图航空摄影测量的像片调绘原则，并比较它们的差异。

第 5 章 立体观察

5.1 实习内容和要求

本章的实习内容及要求主要为：

- 了解人眼的成像原理及产生立体视觉的原理；
- 了解立体观测的发展过程；
- 掌握几种常见的立体观测方法，能进行立体观测。

5.2 立体视觉和人造立体视觉

5.2.1 人眼的立体视觉

人的眼睛就像一架完善的自动调焦摄影机，当人们观察远近不同的物体时，眼球中的水晶体（如同摄影机的物镜）自动变焦，在网膜窝上（如同底片）得到清晰的像，眼睛瞳孔的作用似光圈。图 5-1 所示是眼睛的基本结构示意图。

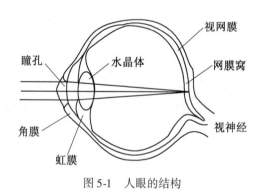

图 5-1　人眼的结构

当人们用单眼观察景物时，感觉到的仅仅是景物的透视图，好像一张像片一样，不能正确的判断景物的远近，而只能凭经验去间接地判断。只有用双眼同时观察景物，才能分辨出物体的远近，得到景物的立体效应，这种现象称为人眼的天然立体视觉。

那么，人的双眼观察为什么会产生天然立体视觉而能分辨出远近不同的景物呢？如图 5-2 所示，有一物点 A，距双眼的距离为 L，当双眼注视 A 点时，两眼的视准轴本能的交会于该点，此时两视轴相交的角度 γ，称为交会角。在两眼交会的同时，水晶体自动调节焦距，得到最清晰的影像。交会与调节焦距这两项动作是本能地进行的。人眼的这种本能称为凝视。当双眼凝视 A 点，在两眼的网膜窝中央就得到构像 a 和 a'；若 A 点附近有一点 B，较 A 点为近，距双眼的距离为 $L-dL$，同样得到构像 b，b'。由于 A、B 两点距眼睛的距离不等，致使网膜窝上 $\overset{\frown}{ab}$ 与 $\overset{\frown}{a'b'}$ 弧长不相等，称 $\sigma = \overset{\frown}{ab} - \overset{\frown}{a'b'}$ 为生理视差，生理视差也反映为观察 A，B 两点交会角的差别，双眼交会 A 点时的交会角为 γ，双眼交会 B 点时的交会角为 $\gamma+d\gamma$，$\gamma+d\gamma>\gamma$，因此，人的双眼观察就能区别物体的远与近。生理视差是产生天然立体感觉的根本原因，正是从这一原理出发而获取人造立体视觉。

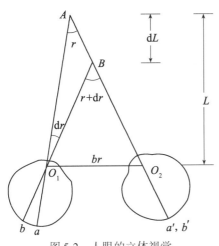

图 5-2　人眼的立体视觉

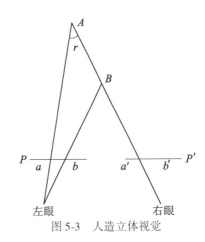

图 5-3　人造立体视觉

5.2.2　人造立体视觉

由图 5-3 所示，当我们用双眼观察空间远近不同的景物 A、B 时，两眼内产生生理视差，获得立体视觉，可以判断景物的远近。如果此时我们在双眼前各放一块玻璃片，如图 5-3 中的 p 和 p'，则 A 和 B 两点分别得到影像 a，b 和 a'，b'。若玻璃上有感光材料，影像就分别记录在 p 和 p' 片上。当移开实物后，各眼分别观看各自玻璃片上的构像，仍能看到与实物一样的空间景物 A 和 B，这就是空间景物在人眼网膜窝上产生生理视差的人眼立体视觉效应，其过程为：空间景物在感光材料上构像，再用人眼观察构像的像片而产生生理视差，重建空间景物立体视觉。这样的立体感觉称为人造立体视觉，所看到的立体模型称为视模型。

根据人造立体视觉原理，在摄影测量中规定摄影时保持像片的重叠度在 60% 以上，是为了获得同一地面景物在相邻两张像片上都有影像，它完全类同于上述两玻璃片上记录的景物影像。利用相邻像片组成的像对，进行双眼观察（左眼看左片，右眼看右片），同样可获得所摄地面的立体模型，这样就奠定了立体摄影测量的基础。

如上所述，人造立体视觉必须符合自然界立体观察的四个条件：

（1）两张像片必须是在两个不同位置对同一景物摄取的立体像对；

（2）每只眼睛必须只能观察像对的一张像片；

（3）两像片上相同景物（同名像点）的连线与眼睛基线应大致平行；

（4）两张相片的比例尺相近（差别<15%），否则需用 ZOOM 系统进行调节。

用上述方法观察到的立体与实物相似，称为正立体效应。如果把像对的左右像片对调，左眼看右像片，右眼看左像片，或者把像对绕原点各自旋转 180°，双眼观察产生的生理视差就改变了符号，导致观察到的立体模型正好与实际景物相反，称为反立体效应。

5.3　立体观察方法和设备

5.3.1　模拟法测图立体观察方法

要想看到立体必须满足两眼各看一张像片，通常称为分视，这与我们平时观看物体双眼交会与凝视的本能相违背。因此需要采取必要的措施达到分视的目的。借助于立体观察的不同仪器进行立体观察，就有着不同的立体观察方法。

1. 立体镜观察法

如图 5-4 所示，在一个桥架上安置两个相同的简单透镜，其间距约为人的眼基线，桥架的高度等于透镜的焦距，可以通过伸缩装置进行调节。进行立体观察时，把像片对放在透镜的焦面上，通过适当的调节，观察者就可以感觉到立体影像。这种小型立体镜只适合观察小像幅的像片对。

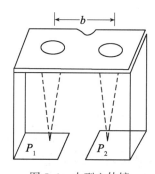

图 5-4　小型立体镜

2. 叠影影像的立体观察法

叠影式立体观察方法是用光线投射在立体影像的左、右像片上，并使其影像叠映在同一个承影面上，然后通过某种方式使得观察者左右眼分别只看到一张像片的影像，从而获得立体效应。常用的方法有红绿互补法、光栅法、偏振光法以及液晶闪闭法，其中前三种方法广泛用于模拟的立体测图仪器中，而液晶闪闭法则用于数字摄影系统中。

3. 双目镜观测光路的立体观察法

该方法是用两条分开的观测光路将来自左、右像片的光线分别传送到观察者的左、右眼睛中，每条观测光路由物镜、目镜和其他光学装置组成。如图 5-5 所示，左右像点光线分别经棱镜折射、透镜放大、再一次折射后传入目镜，观测者左眼看左像，右眼看右像得到立体效应。

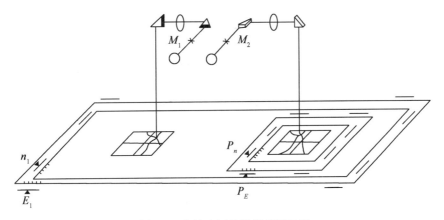

图 5-5　立体坐标量测仪观测系统

5.3.2　数字时代的立体显示系统

目前，摄影测量已步入数字摄影测量阶段，利用计算机和投影系统进行立体影像的显示成为数字摄影测量中重要的环节。

立体影像的投影显示系统可以分为三类：

- 主动显示系统
- 被动显示系统
- 光谱分割立体显示系统

1. 主动立体投影系统的构成

- 主动立体眼镜——两个交替开关的 LCD 镜片
- 同步信号红外发射器
- 正常工作时需要投影机的输出刷新频率范围为 96～144Hz（左右眼交替显示）
- 高分辨率高刷新率信号源
- 标准屏幕

如图 5-6 所示，用一台输出刷新频率范围为 96～144Hz 的投影机将左右眼画面交替显示，实际画面的刷新频率为 48～72Hz 普通银幕，配置外部同步装置和主动立体眼镜，靠同步切换主动立体眼镜来实现左、右眼的影像分离。

2. 被动立体系统

被动立体投影是基于偏振光原理的投影方式，其原理如下：只有一个振动方向的光叫做偏振光。用特殊材料制成的偏振光透镜，相当于一个由一组平行的细长缝组成的光栅。这个光栅只允许振动方向与细缝一致的偏振光通过。其他振动方向的偏振光则不能通过。用振动方向相互垂直的两束偏振光把两幅图像投射到显示屏上，再用透光方向相互垂直的两个偏振光透镜观看，两只眼睛就会看到不同的图像，左眼只看到左边的图像，右眼看到右边的图像，从而得到立体影像。在具体应用中是通过两个投影仪生成一组具有双目视差的图像，此两幅图像重叠地投影在同一块屏幕上。采用偏振片作为启偏器和检偏器，使两个投影仪投出的光束经过偏振后偏振方向相互正交，经屏幕反射后由检偏器分别接收左右

图 5-6 主动立体眼镜及同步信号发射器

眼光束。检偏器是一组相互正交且分别与启偏偏振片偏振方向一致的偏振片，观察立体图像时，观察者佩戴偏振片眼镜就可观察到立体影像。

被动立体显示系统的构成：

- 片源：被动立体片源
- 两台投影机：两台投影机分别对应左右眼的图像
- 两片偏振片：将两台投影机的极化方向与立体眼镜对应的镜片一致

3. 光谱分割立体显示系统

光谱分离立体成像技术是目前世界上最先进的立体投影显示技术。光谱分割立体显示系统利用光谱分割方法将左、右眼影像分离开，其图像的显示质量、立体感和人的舒适性也得到提高。

基于偏振立体成像技术存在通道间图像之间亮度和色彩差异，而光谱分离立体成像技术与传统的偏振立体成像技术最大的区别在于它采用光谱分离的方法实现左右眼立体像的高度分离，根据不同色光的波长不同将图像进行分离，没有任何的信号转换处理过程，因此也被称为被动立体成像。信号源本身未经过处理，也就不存在信号不同步问题。它不依赖于具有高增益指数的金属投影屏幕，在漫反射的普通幕布上即可实现立体成像，无论观察者的视点为屏幕前的任何位置，均不会出现通道间图像的亮度和色彩差异。

5.4 立体显示实验

立体观察是摄影测量工作者的一项重要技能。下面将对三种常见立体观察方法进行训练。

1. 立体镜法

准备小像幅的立体像片对。利用立体镜来观察立体。为增强立体观察技能，也可以不借助立体镜，仅凭双眼进行立体观察的训练。

2. 红绿眼镜法

准备红、绿光投影的立体像片对。利用计算机将立体像片对投影到屏幕上，利用红绿眼镜来观察立体。

3. 液晶闪闭法

以数字摄影测量系统 MapMatrix 为平台，准备好一个立体影像对。利用专用立体镜来观察立体。

5.5 习   题

1. 进行立体观察应具备哪些条件?
2. 为达到"分视"的目的,可采取哪些措施?

第6章 空三加密

空三加密即解析空中三角测量，指的是用摄影测量解析法确定区域内所有影像的外方位元素。空三加密的传统做法是利用少量控制点的像方和物方坐标，解求出未知点的坐标，使得每个模型中的已知点都增加四个以上，然后利用这些已知点解求所有影像的外方位元素。这中间包含一个已知点由少到多的过程，所以形象地称之为空三加密。

概括地讲，空三加密的目的可以分为两个方面：第一是用于地形测图的摄影测量加密；第二是高精度摄影测量加密，用于各种不同的目的（张剑清，2003）。

本章以 MapMatrix 系统空三加密相关模块 AATMatrix 的操作流程为例介绍空三加密的主要流程，包括单像空间后方交会、GPS 辅助空三、GPS/IMU 联合平差、光束法区域网平差等内容。作为补充和比较，又增加介绍了 LPS 空三的过程。

6.1 实习内容和要求

本章的实习内容主要是空中三角测量，要求同学们能够掌握控制三角测量和光束法平差的原理方法，熟悉用 AATMatrix 和 LPS 两个软件进行空三加密的流程。

6.2 AATMatrix 空三加密

6.2.1 原理和操作流程概述

利用测区中影像连接点（加密点）的像点坐标和少量的已知像点坐标及其大地坐标的地面控制点，通过平差计算，求解连接点的大地坐标与影像的外方位元素，称为区域网空中三角测量。区域网空中三角测量提供的平差结果是后续的一系列摄影测量处理与应用的基础。区域网空中三角测量按平差单元可分为航带法、独立模型法和光束法，其中光束法理论最严密、解算精度最高。成为空三测量的主流方法。

光束法区域网平差的基本思想是，以每张像片为单元，区域内每张像片的控制点、加密点都列立共线条件方程式，建立全区域统一的误差方程，统一平差解算，整体解求区域内每张像片的 6 个外方位元素及所有加密点的地面坐标。

AATMatrix 单个测区工作流程图如图 6-1 所示。

1. 新建测区

新建一个测区或打开一个已存在的测区。

2. 测区参数设置

（1）测区参数设置，包括摄影比例尺，测区编号，以及相机类型等。

（2）相机参数的导入，注意相机文件的路径。

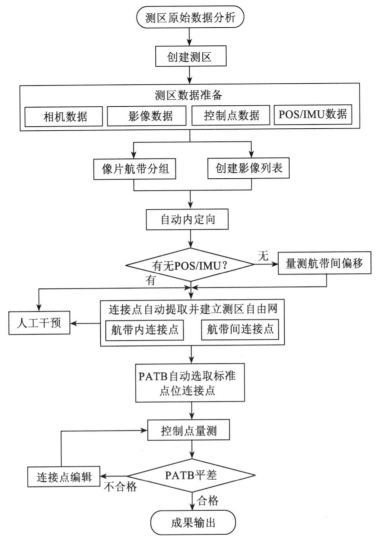

图 6-1　AATMatrix 空三加密流程图

（3）影像的导入，设置航带数及添加影像并且对像素大小，相机参数，相机是否反转等进行设置。

（4）控制点导入，注意 PATB 不支持带字母的控制点格式并且注意路径（或 GPS/IMU 参数的导入，注意线元素和角元素的顺序关系）。

3. 操作步骤

（1）内定向，包括手工量测和自动量测两种方式。

（2）航带连接，通过相邻航带间的航带连接点确定航带间的连接关系，为后期航带间转点提供初值（如果是 GPS 辅助空三，不需要做航带连接）。

（3）自动提取，通过相对定向确定航带内相临影像之间相对位置关系，以及由公共连接点来确定相对定向模型。

（4）自动选点，按照设定的分布方式，删除误差比较大的点，保留精度较好的点。

（5）交互编辑，添加控制点检测并编辑粗差点，并通过少量地面控制点的坐标来解算待定点的坐标。

（6）生成加密点，解算出待定点坐标，并输出成果。

6.2.2 光束法区域网平差实验

空中三角测量是摄影测量生产中的关键步骤，它利用少量的地面控制点来计算一个测区中所有影像的外方位元素和所有加密点的地面坐标。是后续的一系列摄影测量处理与应用的基础。VirtuoZo 中空三采用光束法。下面以 MapMatrix 系统的自动空三量测模块 AATMatrix 为例说明光束法空中三角测量的实现过程。

1. 建立测区，设置测区基本参数

单击任务栏中测区下的"新建"（或测区主界面菜单中的"文件"→"新建"），可以创建新测区。此时弹出测区向导对话框。然后分两步进行，如图 6-2 和图 6-3 所示。

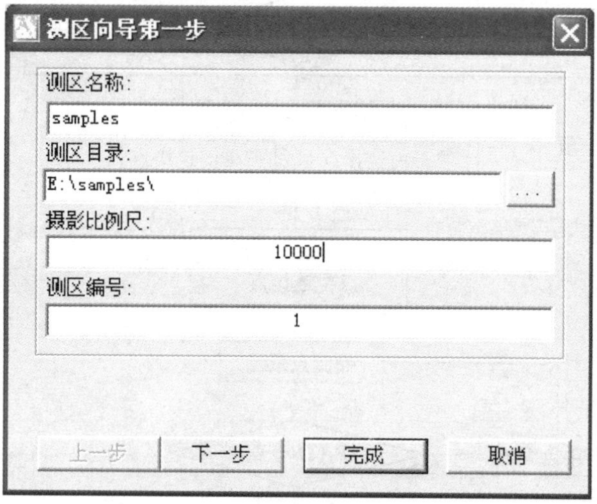

图 6-2　新建测区

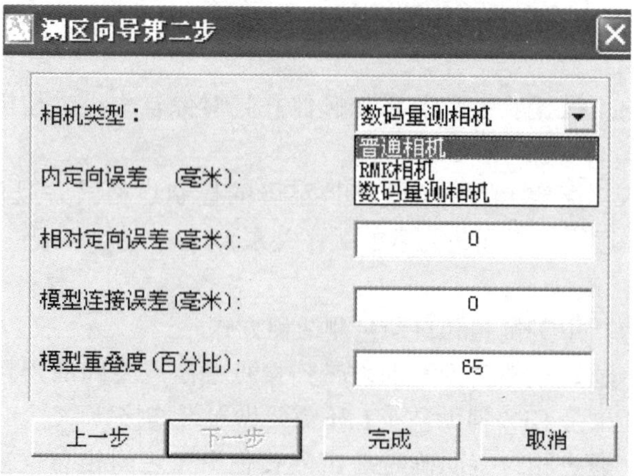

图 6-3　测区向导第二步

第一步：基本设置。该对话框第一栏中的文本框自上而下依次为：测区名称、测区目录、摄影比例尺和测区编号。

测区名称：输入新建测区的名称。

测区目录：可以直接输入，也可单击右边的浏览按钮，选择一个已经存在的目录。

摄影比例尺：输入测区的摄影比例尺。

测区编号：不同的编号为后期的测区合并做准备。

第二步：设置相机类型以及限差。首先在相机类型的下拉框中选择普通相机，RMK相机或数码量测相机三种类型。其次设置内定向限差，相对定向限差和模型连接限差。系统为它们设定了缺省值，一般在建立新测区时用户无需进行设置。这三项设置在后面的内定向检查和自动转点时起着比较重要的作用。

以上两步完成后即新建了一个测区。

注意：以上参数（除测区名称和目录外）今后可以在设置一栏下的测区参数中修改。

2. 建立相机文件

建立相机文件或修改相机参数，可以在主界面下单击任务栏中设置下的"相机参数"（或菜单项"设置"→"相机"）打开相机参数的设置窗口。该窗口共分为五个部分，现分别说明如下。

（1）界面顶部工具栏如图6-4所示。其上按钮功能依次是：打开已有相机文件，保存相机文件更改，另存相机文件，新建相机文件。

图6-4

（2）界面左边显示了三种框标的分布状态，可选择不同按钮进行切换（如图6-5所示）。

相机的框标分布主要有三种情况：4个角框标，4个边框标和8个框标（边角框标）。系统提供了三个相应的选项供用户选择：

- 4 corner masks（4个角框标）
- 4 border masks（4个边框标）
- 8 masks（8个框标）

以4个角框标为例：当用户选中此项时，右方的四个角上的文本框中的数字即可编辑右边列表框中的框标名也将与之相对应，单击列表框中的任一栏（X表示横坐标、Y表示纵坐标。坐标单位为：mm）即进入编辑状态，可填入相应的框标坐标值。最后一列（enable）用于设定该框标是否参与内定向："1"表示参与内定向。"0"表示不参与内定向，这种设定适用在某个框标不清晰或者根本没有时的特殊情形。

（3）界面左下三个编辑框（图6-6）用于输入像主点坐标和焦距。

像主点 X0（毫米）：输入相应的像主点横坐标值。

像主点 Y0（毫米）：输入相应的像主点纵坐标值。

焦距：输入相机焦距参数。

（4）界面右上列表框用于编辑框标参数（图6-7）。

图 6-5   图 6-6

no.	x	y	enable	
1	0.0000	0.0000	true	
2	0.0000	0.0000	true	
3	0.0000	0.0000	true	
4	0.0000	0.0000	true	

图 6-7

（5）若存在畸变差的改正，用户可选中选项栏"畸变改正参数"，此时下方的编辑栏即可编辑，用户可在此处输入相应的畸变差改正参数。并可用添加、删除选项进行增减参数。如图 6-8 所示。

图 6-8

3. 建立测区影像列表

单击按钮 ⬚ 可新建一条航带，双击航带可选中该航带，并在右边主窗口出现影像列表框（如图 6-9 所示）。单击 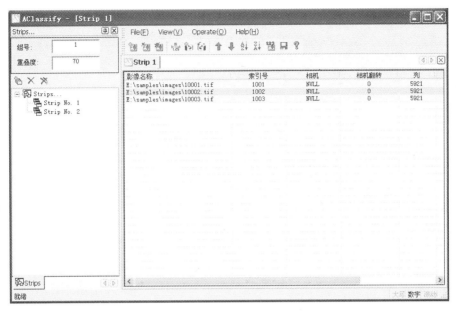打开文件浏览窗口，到影像所在目录下选择所要添加的影像即可导入。同时支持直接从 windows 资源管理器中拖拽影像到影像列表框中。

影像和相机参数的路径并且对像素大小、相机是否反转等进行设置。

图 6-9

4. 输入控制点

单击任务栏中设置下的控制点（或菜单项"设置"→"控制点"），在测区主窗口中出现如图 6-10 所示的界面，用于输入外业控制点。

图 6-10　控制点信息列表

点击图标 ，导入控制点文件。或者在工具栏的编辑框中，按照点名，X、Y、Z，平面 FLAG，高程 FLAG 的次序输入控制点信息。

注意：如果用户是导入控制点文件，控制点文件的格式是：首行为控制点数目；从第二行开始，都是按照点名，X、Y、Z，平面 FLAG，高程 FLAG 的次序排列，如果原始控制点文件不是这个格式，请改成该格式。如图 6-11 所示。设置完毕之后，才能够正确导入。

平面 FLAG 标识该点是否为平面控制点，如果标识码为 0，则该点不是平面控制点。高程 FLAG 标识该点是否为高程控制点，如果标识码为 0，则该点不是高程控制点。

如果两个 FLAG 都不为 0，说明该点是平面高程控制点。

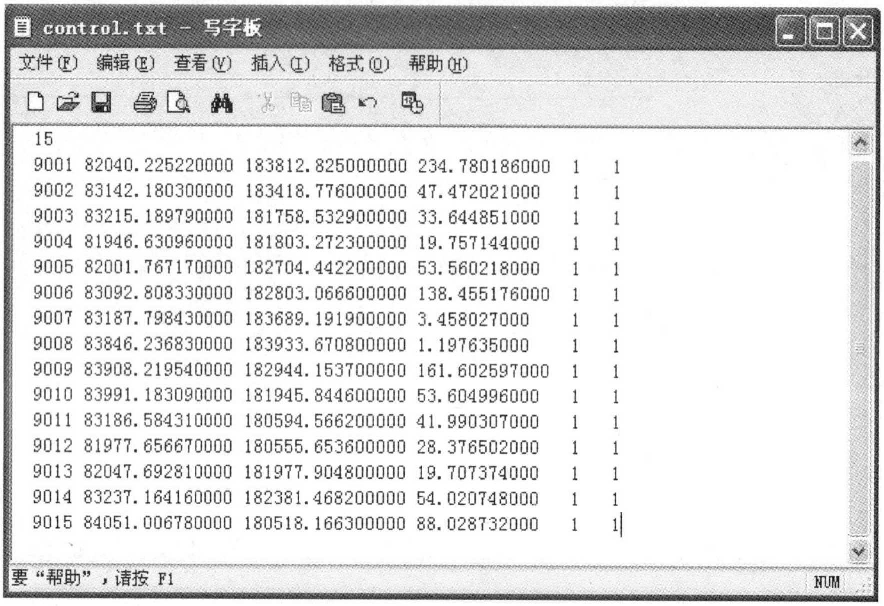


```
15
9001 82040.225220000 183812.825000000 234.780186000 1 1
9002 83142.180300000 183418.776000000 47.472021000 1 1
9003 83215.189790000 181758.532900000 33.644851000 1 1
9004 81946.630960000 181803.272300000 19.757144000 1 1
9005 82001.767170000 182704.442200000 53.560218000 1 1
9006 83092.808330000 182803.066600000 138.455176000 1 1
9007 83187.798430000 183689.191900000 3.458027000 1 1
9008 83846.236830000 183933.670800000 1.197635000 1 1
9009 83908.219540000 182944.153700000 161.602597000 1 1
9010 83991.183090000 181945.844600000 53.604996000 1 1
9011 83186.584310000 180594.566200000 41.990307000 1 1
9012 81977.656670000 180555.653600000 28.376502000 1 1
9013 82047.692810000 181977.904800000 19.707374000 1 1
9014 83237.164160000 182381.468200000 54.020748000 1 1
9015 84051.006780000 180518.166300000 88.028732000 1 1
```

图 6-11

5. 内定向

内定向是数字摄影测量的第一步。这是因为数字影像是以“扫描坐标系 *O-I-J*”为准，即像素的位置是由它所在的行号 *I* 和列号 *J* 来确定的，它与像片本身的像坐标系 *o-x-y* 是不一致的。一般来说，数字化时影像的扫描方向应该大致平行于像片的 *x* 轴，这对于以后的处理（特别是核线排列）是十分有利的。因此扫描坐标系的 *I* 轴和像坐标系的 *x* 轴应大致平行，如图 6-12 所示。

内定向的目的就是确定扫描坐标系和像片坐标系之间的关系以及消除数字影像可能存在的变形。数字影像的变形主要是在影像数字化过程中产生的，而且主要是仿射变形。因此扫描坐标系和像片坐标系之间的关系可以用式（6.1）来表示：

$$
\begin{aligned}
x &= (m_0 + m_1 I + m_2 J) \cdot \Delta \\
y &= (n_0 + n_1 I + n_2 J) \cdot \Delta
\end{aligned}
\tag{6.1}
$$

其中 Δ 是采样间隔（或称为像素的大小和扫描分辨率，如 25μ）。因此内定向的本质可以归结为确定上述方程中的六个仿射变换系数，为了求解这些参数，必须观测 4 个（或 8 个）框标的扫描坐标和已知框标的像片坐标，进行平差计算。

点击快捷图标内定向，进入内定向界面，如图 6-13 所示。首先逐个点击界面左下方列出的影像，系统会为每张影像进行自动内定向。

自动内定向结束后，可单击按钮，系统弹出窗口显示内定向结果报告（如图 6-14 所示）。

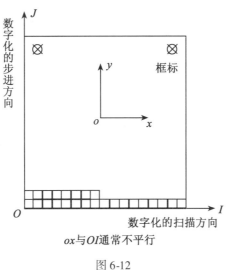

图 6-12

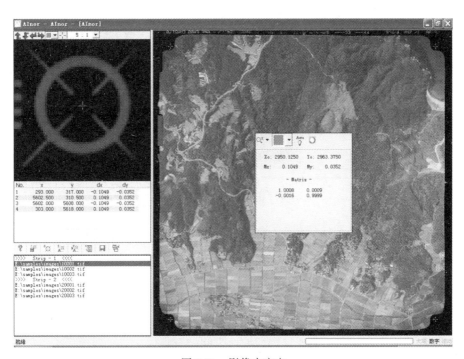

图 6-13　影像内定向

在报告中，第二列和第三列显示了影像的 x 坐标中误差、y 坐标中误差。如果最后一列显示"is OK"，表示内定向精度符合要求；如果显示"overlimit"，表示该影像内动向精度很差或自动内定向失败，必须人工交互处理。

在报告列表中双击任意选择一张影像，对应于该影像的内定向结果将会显示在内定向编辑界面中，如图 6-15 所示。

编辑界面每一框标显示窗口顶部有一个工具栏。点击 ^{Edit}⊠ 图标切换编辑到当前

```
>>>>    Strip - 1  <<<<
10001.tif    Mx = 8.0000    My = 6.0000    is OK.
10002.tif    Mx =75.0000    My =22.0000    Over Limit.
10003.tif    Mx = 0.0000    My = 4.0000    is OK.
>>>>    Strip - 2  <<<<
20001.tif    Mx =86.0000    My =11.0000    Over Limit.
20002.tif    Mx = 8.0000    My = 1.0000    is OK.
20003.tif    Mx = 7.0000    My = 4.0000    is OK.
```

图 6-14   内定向结果报告

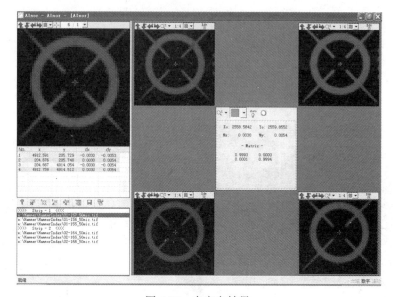

图 6-15   内定向结果

框标。

人工调整好一张影像各框标的位置后，单击下一张影像会弹出提示框询问是否保存内定向结果。

6. 量测航线间偏移量

为了在航线间自动转点，程序需要知道航线之间的相互关系，确定航线间的偏移量就是用来确定航线之间的相互关系并且为后期航带间转点提供初值。通常，确定航线之间的相互关系，只需在相邻的航线之间人工量测数个同名点，这些点我们称之为航线间偏移（Strip Offset）点。在普通航线（航向基本相同）之间和不同的航线组（交叉航线）之间，对航线间偏移点的数量有不同的要求：

对于两条普通航线，基本要求为在航线的头尾各量测一个点，当航线比较长时，有时可以在航线中间再均匀地量测一个点或多个点。

对于不同的航线组，基本要求为在两个航线组（各包含多条航线）的公共区域内，人工至少量测 3 个偏移点，而且要求这三个点不要分布在一条直线上。

单击快捷图标“航带连接”，系统进入航带连接界面。如图 6-16 所示。

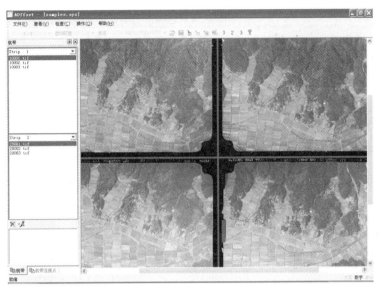

图 6-16 航带连接界面

进入此界面后，单击左方影像列表中的 ▼ ，选择相应的上下两条航带，影像列表中将按顺序显示与当前航带对应的航片名，右方的影像显示窗口缺省显示当前选中航带的前面两张航片的全局影像图。

在航带影像列表中，使用鼠标左键分别选择上下两条航带将要寻找同名点的对应的航片名，右方的影像显示框将显示选中的航片和与之相邻的下一张航片。

分别在显示出的四张影像上寻找相对应的同名点，找出后用鼠标左键选中。

单击按钮 [图] ，即进入编辑偏移点界面，其界面如图 6-17 所示。

进入此界面后，用户可选择 1:1 ▼ 的下拉选项调整影像显示的放大率。

若选择 自动配准 ▼ ，此时在设为主片的影像上用鼠标左键选中某特征点时，其他的影像将自动匹配到该点处。若该点特征不明显，程序在其他影像上无法自动匹配到该点，此时会给出提示信息，如图 6-18 所示。

若选择 人工 ▼ ，即进入手工对点状态，此时在任何一张影像上单击鼠标左键时，其他影像上的点位不会自动匹配该点，用户可通过放大影像精确调整每张影像上的同名点点位。

编辑完成后，保存编辑结果，然后在航带尾部的四张影像上做相同的操作。

7. 连接点自动提取

点击快捷图标"自动提取"进行连接点的自动提取。连接点自动提取包括建立金字塔影像、相对定向、模型连接和航线间转点等步骤。

8. 自动选点

当自动转点完成后，用户就可以进行自动选点，即反复调用 PATB 平差程序进行平差，并根据平差结果剔除自动转点中的粗差点，最后再根据用户指定的连接点分布方式挑选出精度最高的点保留下来作为加密点。

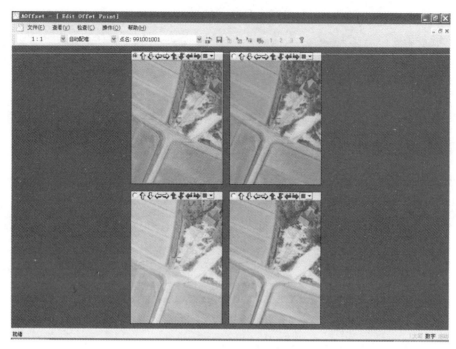

图 6-17　偏移点编辑界面

图 6-18

在主界面下点击快捷图标"自动选点"开始自动选点。此时将弹出如图 6-19 所示的"连接点参数设置"对话框。

在连接点参数设置对话框中，下拉 **标准点位个数：** 5 ▼ 选项可选择标准点位的个数。在标准点位点数编辑框中输入每一点位中的点数。从图 6-1 中可以看到，当该模块选择 5 个点位，点位点数为 3 时，每张航片上将会有大约 1 个点，系统缺省值即为此布局，用户可根据实际情况来选择。在选择了连接点布局方式后，系统将自动调用 PATB 平差程序进行平差（如图 6-20 所示），并根据结果删除粗差观测值。这种重复过程一般最多持续 5 次。程序在最后根据平差报告按照用户开始指定的布局方式挑选连接点。

选点结束时，作业窗口提示信息如图 6-21 所示。

9. 交互编辑

完成自动转点之后，开始进入空三加密作业，即编辑连接点并进行平差。一般来说，交互编辑的步骤为：

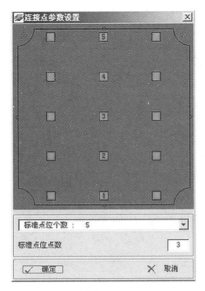

图 6-19

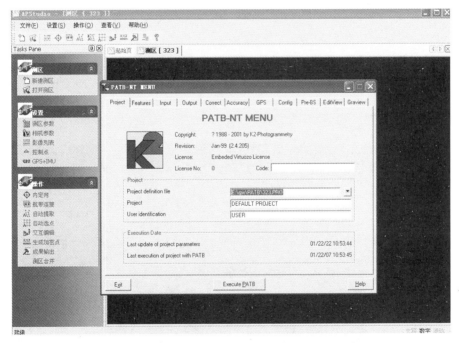

图 6-20 自动平差处理

- 在标准点位增加像点
- 量测控制点
- 编辑像点网
- 调用平差程序进行平差计算
- 删除或编辑粗差像点

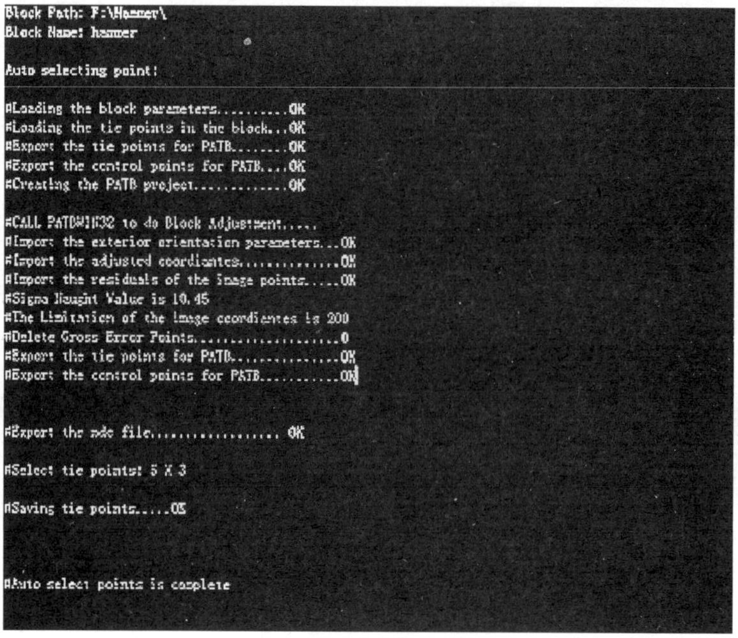

图 6-21

- 重复 D 和 E 直至满足加密要求

在系统主菜单下单击快捷图标"交互编辑",启动连接点编辑程序,如图 6-22 所示。

图 6-22

1）在标准点位增加像点

双击左边影像列表（树形列表）中任一影像名时，窗口右边就会显示选中影像的全局金字塔影像。

按下左侧工具条上 按钮，系统处于加点状态，移动鼠标到需要加点处，单击鼠标左键，此时出现如图6-23所示窗口。

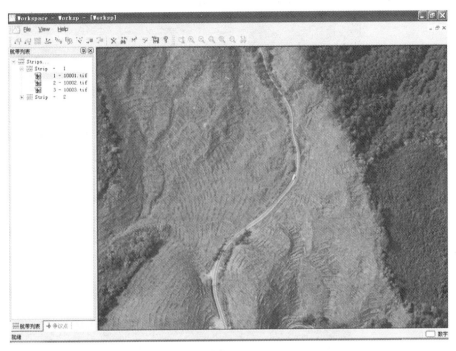

图 6-23

该窗口中显示了当前需加点处的原始影像，从而可以更加准确地寻找比较明显的地物点。此时在该处单击鼠标左键，程序开始自动转点，并进入连接点的编辑界面（如图6-24所示）。

在该界面中，点号显示在窗口上方的 Edit Tie: 11001195 中，在上面的窗口中显示了该点6张同名影像（或称该点是一个6度重叠点），在每张影像的下方标注着相应的影像名， 代表该影像是基准影像，其他非基准影像的是 。

2）量测控制点

在控制点的量测过程中 AeroMatrix 提供了控制点预测的功能，这对于控制点的量测非常方便，控制点的量测步骤为：

（1）首先在测区的四角量测四个控制点。

（2）调用 PATB 平差程序进行平差。

（3）平差结束后预测其他控制点的点位。

（4）继续量测其他控制点。

使用前面介绍的增加连接点和编辑连接点的方法，首先量测测区四角上的四个控制点后，在图6-24所示的工具栏中单击按钮 ，调用 PATB 平差程序，如图6-25所示。

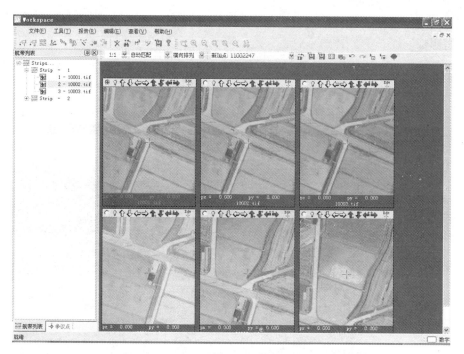

图 6-24

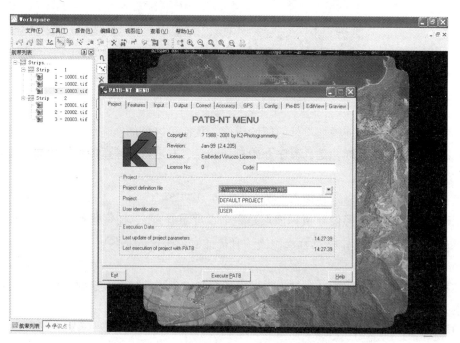

图 6-25

注意：在加点时，一定要点击快捷图标 ID，修改点名为控制点点号。然后点击 保存添加结果。

用户只要单击 PATB 界面下方的按钮 Execute PATB，即可启动平差计算。平差解算结束后，界面如图 6-26 所示。

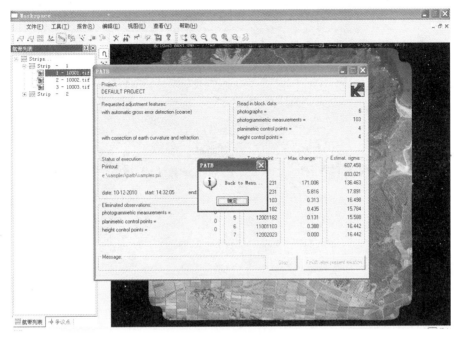

图 6-26

单击确定按钮，然后单击 PATB 界面左下方的按钮 Exit，返回连接点编辑的主界面即可完成初步平差。

完成初步平差后，单击按钮 ，系统就可以预测控制点，然后返回主界面，此时单击 图标，就会显示如图 6-27 所示的界面。在界面中可以看到很多蓝色的三角形，它们代表已量测的控制点位，重复第一步中介绍的自动加点过程，完成剩余控制点的量测工作。

3）编辑像点网

区域网的内部连接性是由测区内像点构网强度决定的，而且对最后的加密精度有重要的影响。因此在量测了所有控制点后，最重要的工作就是对像点网的编辑。

保证像点构网强度需要遵循的原则：

（1）要保证测区中每一张影像三度重叠区的上、中、下三个标准点位上必须有连接点。

如图 6-28 所示，影像的中间自上而下有三个绿色的方框，这三个方框中的区域就对应着三个标准点位。

另外，用鼠标单击主界面按钮 ，就会显示图 6-27 所示的界面，在窗口中可以清楚地看到每一张影像中像点（绿色十字丝）和控制点（绿色三角形加绿色十字丝）的分布，因此很容易确定测区中哪些影像在标准点位上缺少连接点，然后按照第一步介绍的方法在这些影像的对应点位上量测连接点。

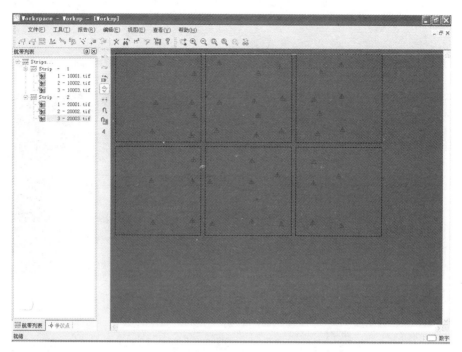

图 6-27

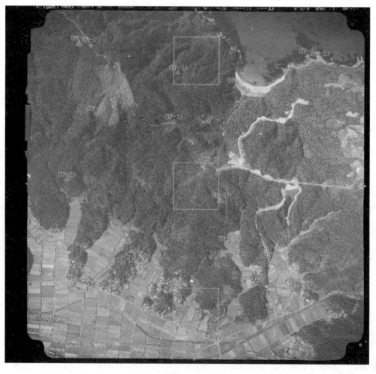

图 6-28

（2）要保证航线之间的连接强度，位于航线间重叠区域里的像点必须向相邻的航线转测。

这一原则在实际作业中有时会比较困难，例如当航线之间覆盖了大片茂密的森林时，无论选点还是转测都会非常困难，但是应该尽量保证这个原则，这个原则只在当航线间重叠区域是大面积落水时才可以例外。

4）调用平差程序进行平差计算

像点网编辑完毕后，点击快捷图标 I，运行 PATB。在 PATB 界面下，选择 Accuracy 选项，如图 6-29 所示。

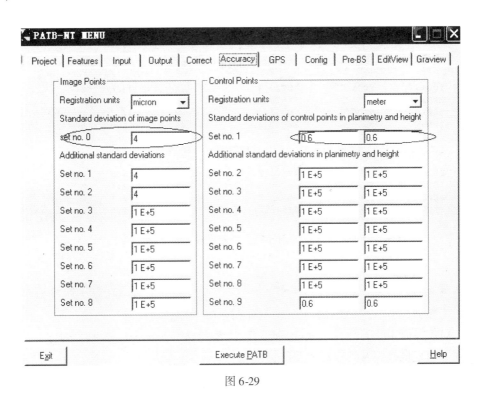

图 6-29

界面左边框中数值代表影像坐标的限差，单位为微米。像坐标限差默认为像素大小的一半。

界面右边框选的第一个数值代表控制点在大地坐标系中的平面限差，第二个数值代表控制点在大地坐标系中的高程限差。两者的默认大小都是 0.6m。

设置好限差后，点击 Execute PATB，程序会根据指定的限差进行光束法空三解算。

5）删除或编辑粗差像点

如果已经执行过 PATB 平差，那么在交互编辑主界面中单击菜单项报告→PATB 平差结果，如图 6-30 所示。系统会调用 Windows 的记事本（Notepad. exe）打开 PATB 的平差报告。

在 PATB 报告中，精度不好的像点会作为粗差观测值不参与最后的平差计算，显示的是 PATB 报告中的粗差报告部分，如图 6-31 所示。

报告中，第一列是像点粗差观测值的点号，第二列和第三列该点的 x，y 值，第四列和第五列代表该像点观测值的残差，单位为微米。

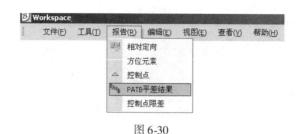

图 6-30

photo-no.	x	y	rx	ry	sds	check
		point-no.	11001025	TP 4		
1001	-2086.8	18239.3	7.4	11.0	0	. .
2003	-11698.9	10903.1	-4.7	3.2	0	. .
2002	1206.9	9472.1	22.8	-10.7	0	2 .
1005	12537.0	20910.4	12.8	-16.9	0	. .
		point-no.	11001074	TP 4		
2002	-1321.1	19103.2	-25.3	14.3	0	3 .
1001	1397.4	9440.6	-12.2	-2.7	0	. .
2003	-13664.1	20436.9	3.2	-7.1	0	. .
1005	16047.2	11916.2	-11.7	7.4	0	. .

图 6-31 粗差报告

在连接点编辑界面中,单击按钮 可以根据 PATB 的粗差报告自动删除所有的粗差像点;单击按钮 ,可以撤销最近一次删除粗差的操作。

在 PATB 界面中,若已在 Output 选项卡中选中 Critical Points 选项,如图 6-32 所示,则可以在 PATB 报告中看到像点粗差的详细报告。

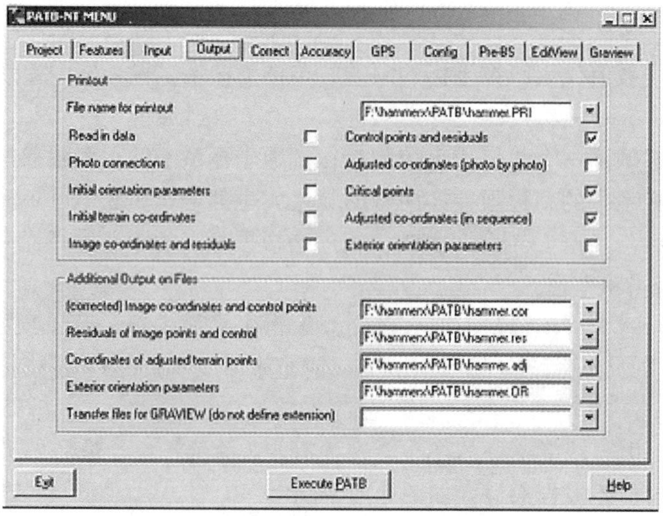

图 6-32

根据报告,用户可以在连接点编辑中查找相应的点号并进入相应点的编辑界面,例如找到点 11001171 后,该点的编辑界面如图 6-33 所示。

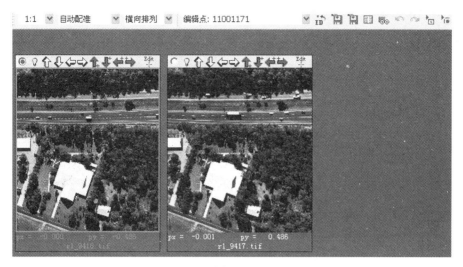

图 6-33

粗差点编辑完成后,再次进行 PAT 解算。重复 PAT 解算和粗差点编辑,直到无粗差点被挑出为止。

10. 生成加密点文件

单击快捷图标生成加密点,再单击成果输出系统会在测区目录下自动生成加密点成果文件。

6.3 GPS 辅助空三

由地面控制点反算影像的外方位元素时,无法省却一定的外业工作量。GPS 技术的发展打破了这一局面。GPS 可以实现动态定位。GPS 辅助空中三角测量就是利用安装在飞机上的 GPS 接收机与地面基准站上的 GPS 接收机同步而连续地观测 GPS 卫星信号,经过 GPS 载波相位测量差分定位技术获取航摄仪曝光时刻摄站的三维坐标,将其视为附加观测值引入摄影测量区域网平差中,然后采用统一的数学模型和算法来整体确定目标点位和像片方位元素,极大地减少了甚至完全免除常规空中三角测量所必需的地面控制点,从而达到节省野外控制测量工作量、缩短航测成图周期、降低生产成本、提高生产效率的目的。

在无失锁、周跳等信号间断的情况下,如果不考虑基准,GPS 摄站坐标可完全取代地面控制。但在实际应用中为解决基准问题,改正由于失锁、周跳等引起的系统误差,需加入少量控制。

大量的研究结果表明,带少量地面控制的 GPS 辅助光束法区域网平差理论精度非常好,达到自检校光束法区域网平差精度。实际精度,高程方面与理论精度完全符合,平面位置由于内业判点误差等导致与理论精度有一定差距。但平差结果完全满足测图控制对加密成果的精度要求。无地面控制 GPS 辅助光束法区域网平差具有较大的系统误差,实际精度与理论精度相差较远。但成果仍能满足一定比例尺地形图航测成图的精度要求。

一个成熟的数字摄影测量系统都应具有处理 GPS 数据的功能，其操作参见 GPS/IMU 联合处理过程。

6.3.1 GPS/IMU 数据处理

摄影测量过程中，如何恢复影像的位置和姿态是一个关键问题，GPS 联合 IMU 可以测定传感器的位置和姿态，给摄影测量的过程带来深远的影响。其原理如图 6-34 所示。

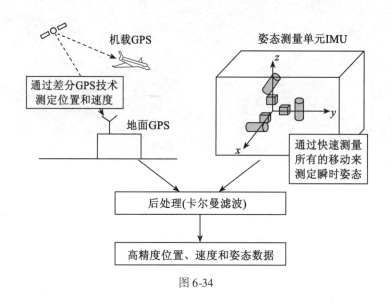

图 6-34

成熟的 GPS/IMU 系统应具有以下功能：GPS 辅助惯性导航与回归平滑功能、差分 GPS 数据处理功能、像片外方位元素计算功能、系统检校与质量控制功能、连接点半自动量测功能。

6.3.2 GPS/IMU 联合平差

GPS 定位数据和惯性导航数据 IMU 在空三中的应用已日益受到人们的关注，AATMatrix 同样提供了使用 GPS 和 IMU 数据进行自动转点和联合平差的功能。在 AATmatrix 中输入 GPS 或 IMU 参数的方法如下：

单击界面左侧的快捷图标 GPS+IMU，系统将进入 GPS/IMU 参数编辑界面，如图 6-35 所示。

在 GPS/IMU 参数编辑界面如图 6-36 所示。该界面按照影像的片号 ID，X，Y，Z，Phi，Omega，Kappa 等外方位元素的顺序排列。点击快捷图标 🖼️，进入编辑外方位元素界面。编辑外方位元素界面如图 6-37 所示。

在该界面中，AATMatrix 提供了两种角度模式：360 度角和 400 度角；提供了两种转角模式：Omega，Phi，Kappa 模式和 Phi，Omega，Kappa 模式。用户在导入 GPS/IMU 数据前，需要首先制定转角系统。

另外，提供的 GPS/IMU 数据文件角元素必须是用三个转角方式提供，如果源数据是九个旋转矩阵参数，需要将其转换成转角参数。

图 6-35

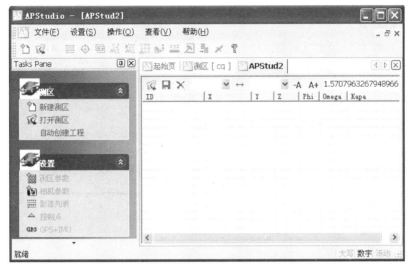

图 6-36

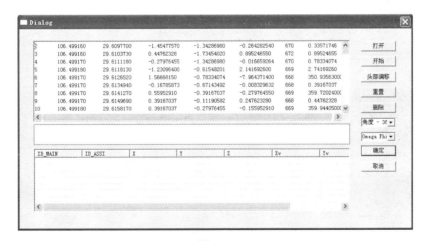

图 6-37

在本例中，GPS/IMU 源文件如图 6-38 所示。

	A	B	C	D	E	F	G	H
1	航片文件名	经度	纬度	航高	滚转	俯仰	旋片	航向
2	2	106.499160	29.6097700	670	-1.45477570	-1.34286980	-0.264282540	0.33571746
3	3	106.499160	29.6103730	672	0.44762328	-1.73454020	0.895246550	0.89524655
4	4	106.499170	29.6111180	670	-0.27976455	-1.34286980	-0.016659264	0.78334074
5	5	106.499180	29.6118130	669	-1.23096400	-0.61548201	2.141692600	2.74169260
6	6	106.499170	29.6126520	668	1.56668150	-0.78334074	-7.964371400	350.93563000
7	7	106.499170	29.6134940	668	-0.16785873	-0.67143492	-0.008329632	0.39167037
8	8	106.499170	29.6141270	669	0.55952910	-0.39167037	-0.279764550	359.72024000
9	9	106.499170	29.6149690	668	0.39167037	-0.11190582	0.247623280	0.44762328

图 6-38

编辑外方位元素界面点击"打开",导入 GPS/IMU 源文件。如图 6-39 所示。

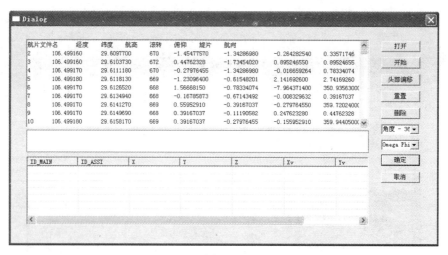

图 6-39

选择标题行的所有字段,点击"删除"。

删除不必要的信息,如标题信息后,选中一列数据,点击"开始",该列数据会在界面中间的编辑框中显示。如图 6-40 所示。

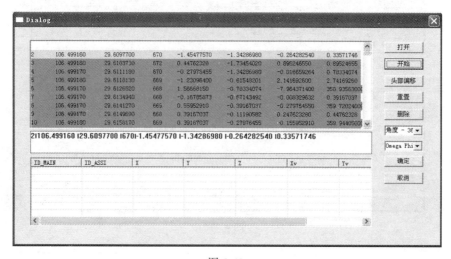

图 6-40

72

将鼠标移动到编辑框某一字段时，该字段会高亮显示。右键单击该字段，定义该字段的类型，如定义成"影像 ID"，则程序会自动将与当前字段同列的所有字段都定义到"影像 ID"类型中。如图 6-41 所示。对每个字段做同样的操作，直到所有需要的字段都被定义，然后点击"确定"。

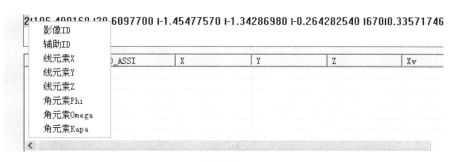

图 6-41

此时，对第一行各个参数进行设置并且注意线元素和角元素的顺序关系。设置完成后单击"确定"进入如图 6-42 所示界面。

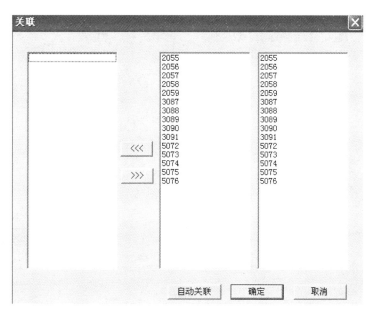

图 6-42

此时，单击"自动关联"，将影像名称和索引号匹配起来，界面如图 6-43 所示。

单击"确定"，返回 GPS/IMU 的原始界面。

当完成 GPS 和 IMU 参数的输入后，用户不需要继续量测航线间的偏移点。系统在自动转点时会根据已经输入的 GPS 参数和 INS 参数完成航线间的相对定位。

当引入 GPS 参数后，AATmatrix 在调用 PATB 进行平差时会自动设置 PATB 中的 GPS 选项，如图 6-44 所示。

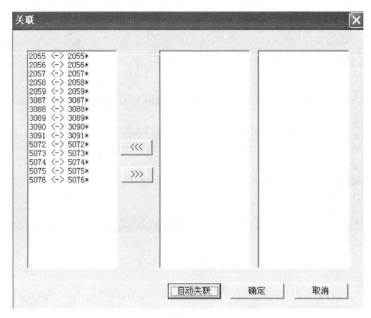

图 6-43

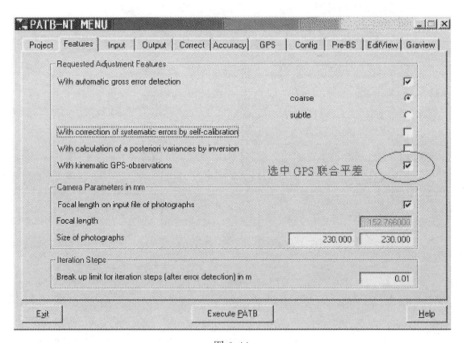

图 6-44

近来，很多学者对在空中三角测量中利用 GPS 数据可以达到什么样的预期精度和可靠性进行了广泛的研究，使得 GPS 辅助空三的应用越来越广泛。目前的研究结果表明：

（1）GPS 摄站坐标在区域网联合平差中是极其有效的，只需要中等精度的 GPS 数据即可满足测图的要求。

（2）外方位线元素的利用一般比角元素更有效。但是附加的姿态测量，在精度要求很高时可以用来改善高程加密精度。

（3）利用 GPS 数据的光束法区域网平差将会有较好的可靠性，这包括 GPS 数据自身的可靠性，像点坐标观测值和少量地面控制点的可靠性。

（4）原则上讲，GPS 提供的摄站坐标用于平差可以完全取代地面控制点，条件是 GPS 观测值在区域网中必须连续而没有中断。

（5）为了解决基准问题，即为了获得国家坐标系（如高斯-克吕格坐标系）的加密成果，依然要求有一定的地面控制点。但是控制点数远远少于常规加密所需的控制点数。一般只在测区的角上布设平高控制点即可。

由此可见，GPS 定位数据和 INS 惯性导航数据在空三中的应用已日益受到人们的关注，AeroMatrix 同样提供了使用 GPS 和 INS 数据进行自动转点和联合平差的功能。

在做完上述数据准备工作后，不需要经过航带连接，就可以开始自动转点了，自动转点及后继操作参见 6.3.2。

6.4 LPS 空三加密

我们在第 2 章已经介绍了，LPS（Leica Photogrammetry Suite）是徕卡公司推出的数字摄影测量及遥感处理系统。它为影像处理及摄影测量提供了高精度及高效能的生产工具。它可以处理各种航天（包括 QuickBird、IKONOS、SPOT5、ALOS 及 LANDSAT 等）及航空（扫描航片、ADS40 数字影像）的各类传感器影像定向及空三加密，处理各种影像格式（包括黑/白、彩色、多光谱及高光谱等）的数字影像。

与 VZ 不同的是，LPS 的空三过程并不强调航带的概念，对模型的左右影像的区分也不甚敏感，我们只需要导入整个测区的影像，量测足够的控制点（或提供足够多的影像初始外方位元素），即可进行空三处理。下面我们将介绍 LPS 的空三过程。

本实验使用的软件版本为 ERDAS IMAGINE9.1 和 LPS9.1。

1. 新建工程

首先运行 erdas，打开 ERDAS IMAGINE9.1 主面板，如图 6-45 所示。

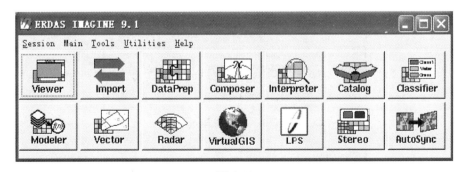

图 6-45

（1）运行 ERDAS IMAGINE9.1 的 LPS 模块，打开 LPS–Project Manager 窗口，如图 6-46所示。

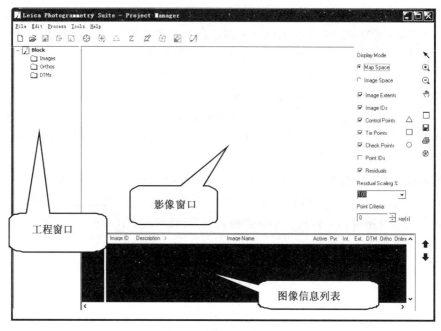

图 6-46

（2）单击 File→Open 命令或工具条的 □ 图标打开 Create New Block File 对话框，选择存盘路径并键入块文件名：AT_ P，单击"OK"按钮，系统默认文件扩展名为 .blk，再次单击"OK"按钮退出。

（3）在随后打开的 Model Setup 对话框的 Geometric Model Category 对话框下拉菜单中选择几何模型类型为 Camera，在 Geometric Model 对话框中选择几何模型为 Frame Camera（此处设置依自己获得的数据类型而定），单击"OK"退出。如图 6-47 所示。

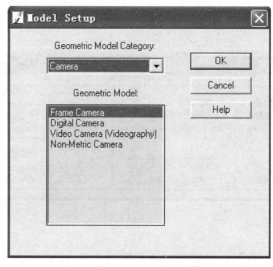

图 6-47

（4）随后自动打开 Block Property Setup 对话框，如图 6-48 所示。

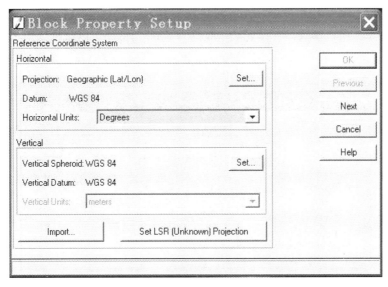

图 6-48

（5）单击 Horizontal 对话框中的 "Set..." 按钮，打开 Projection Chooser 对话框，单击 Standard 工具条，在 Categories 对话框下拉菜单中选择投影类型为 UTM WGS84 North，在 Projection 对话框中滑动竖直滚条，选择投影带为 UTM Zone 50（range 114E-120E），当然，此处设置也是根据影像的投影类型和所在投影带设定的。如图 6-49 所示。

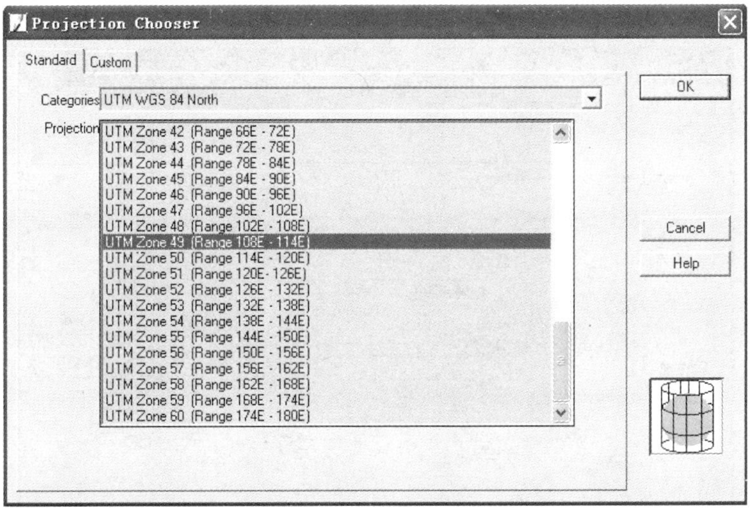

图 6-49

单击 Custom 工具条，查看、设置投影信息，投影类型 UTM，参考椭球名 WGS84，坐标系名 WGS84，UTM 投影带 50，北半球。单击 "OK" 按钮退出。

（6）在 Vertical 对话框单击 set... 按钮，在弹出的 Elevation Info Chooser 对话框设置如

下参数：Spheroid Name：WGS84，Datum name：WGS84，Elevation Units：meters，Elevation Type：height，单击"OK"按钮退出。

（7）单击"Next"按钮，接着设置航片特性信息，包括旋转系统、角度单位、影像朝向，平均航高、相机参数等。设置平均航高为3000（行高可以根据已知数据算得）。如图6-50所示。

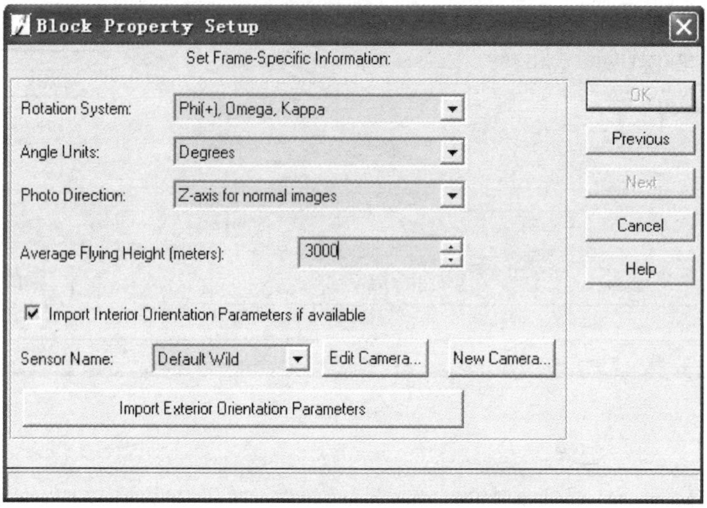

图6-50　块属性设置

（8）单击"Edit Camera"按钮，在打开的对话框设置相机的内方位元素；单击Fiducials选项卡，在此页面中输入影像的框标坐标，如图6-51所示。

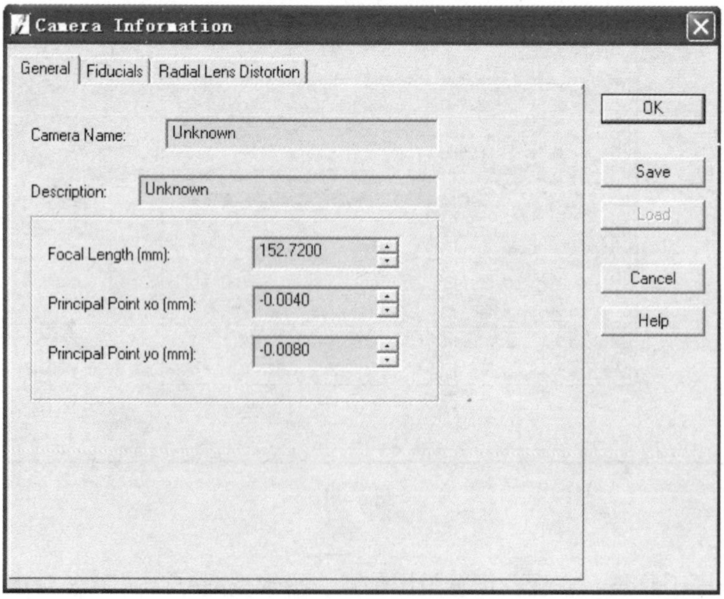

图6-51　相机参数设置

在 Number of Fiducials 文本框中输入框标数为：8，如图 6-52 所示。

Camera Information
General
Fiducials
Radial Lens Distortion
Number of Fiducials:
8
Row #
Film X [mm]
Film Y [mm]
1 106.003 -106.005
2 -106.003 -106.003
3 -106.001 106.003
4 106.001 106.001
5 0.002 -109.998
6 -110.001 0.002
7 -0.004 110.004
8 109.998 -0.002
OK
Save
Load
Cancel
Help

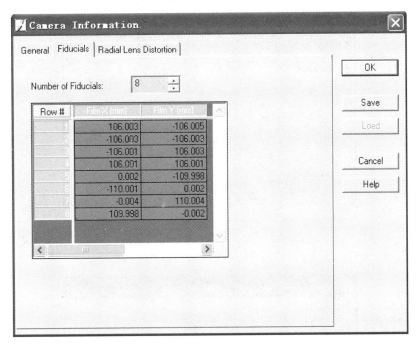

图 6-52　相机信息

在框标坐标列表框中，行数是框标编号，第一列为对应框标的 x 坐标，第二列为 y 坐标。鼠标单击每个表格，输入相应的坐标值。也可以直接导入 8 个框标的坐标。首先根据框标坐标列表建立如图 6-53 所示格式的相机文件。

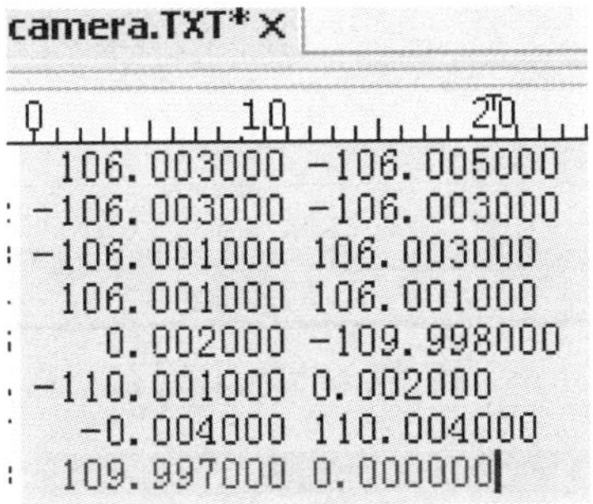

camera.TXT*
0 10 20
106.003000 -106.005000
-106.003000 -106.003000
-106.001000 106.003000
106.001000 106.001000
0.002000 -109.998000
-110.001000 0.002000
-0.004000 110.004000
109.997000 0.000000

图 6-53　框标坐标参数

单击第一行编号按钮 1，拖动至第八行编号按钮；然后按同样的方式同时选中 Film X 和 Film Y 按钮；单击鼠标右键，在弹出的右键菜单中选择 Import，弹出“Import Column Data”对话框，如图 6-54 所示。

单击浏览按钮，在相应目录下找到之前建立的相机文件 camera. txt，确定后，单击“Options...”按钮，打开“Import Column Options”对话框，如图 6-55 所示。

在这个对话框中设置相关参数，告诉程序你建立的相机文件的格式。设置完毕后单击

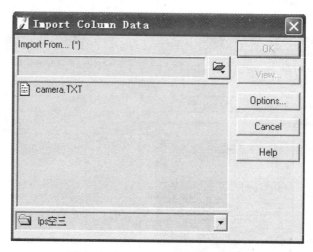

图 6-54　Import Column Data 对话框

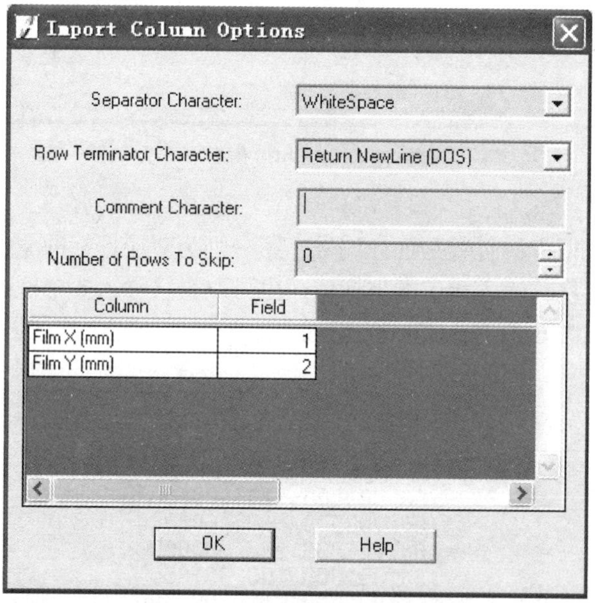

图 6-55　Import Column Options 对话框

"OK"按钮退出到"Import Column Data"对话框，再次单击"OK"按钮退出。

单击"Radial Lens Distortion"选项卡，在此属性页输入相机辐向畸变校准参数，示例数据中没有这项参数，所以这里不再输入。

相机参数设置完毕单击"OK"按钮，退出"Camera Information"窗口，回到"Block Property Setup"窗口。

在 Block Property Setup 窗口单击 Import Exterior Orientation Parameters 按钮，可以导入外方位元素参数，示例数据不提供外方位元素参数，这里不再讲解导入步骤，同学们可以参考前面导入相机文件的操作过程，自己探索导入方法。

单击"OK"，退出 Block Property Setup 窗口。

2. 添加影像

（1）在 LPS Project Manager 窗口单击 Edit/Add Frame 命令打开添加文件对话框，选择要添加的影像，回车确定，单击"OK"退出。

（2）在 LPS Project Manager 窗口的图像信息列表显示如图 6-56 所示。

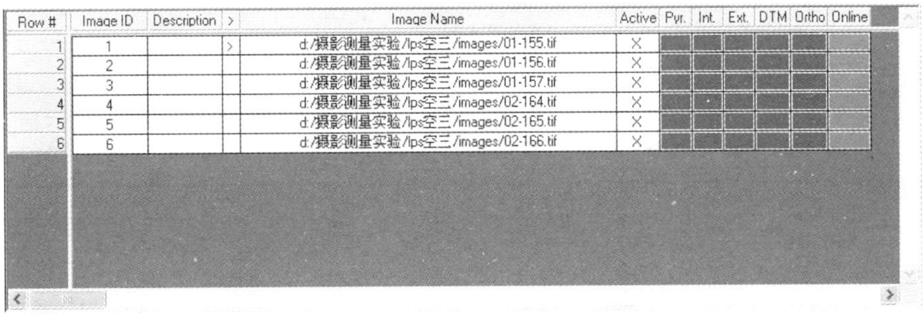

Row #	Image ID	Description	>	Image Name	Active	Pyr.	Int.	Ext.	DTM	Ortho	Online
1	1		>	d:/摄影测量实验/lps空三/images/01-155.tif	X						
2	2			d:/摄影测量实验/lps空三/images/01-156.tif	X						
3	3			d:/摄影测量实验/lps空三/images/01-157.tif	X						
4	4			d:/摄影测量实验/lps空三/images/02-164.tif	X						
5	5			d:/摄影测量实验/lps空三/images/02-165.tif	X						
6	6			d:/摄影测量实验/lps空三/images/02-166.tif	X						

图 6-56

图中右侧的阵列代表工程的进度情况，绿色表示已经完成，红色表示还未进行。

影像添加完毕。

3. 计算金字塔影像

单击 Editor/Compute Pyramid Layers 命令，弹出 Compute Pyramid Layers 窗口，选中 All Images Without Pyramids 单选框，单击"OK"确定，系统开始计算金字塔影像，完成后影像信息列表的 pyr. 下的几个单元格变绿。如图 6-57 所示。

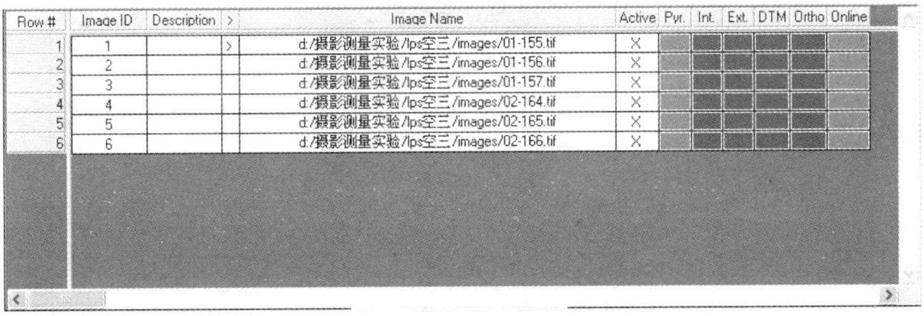

Row #	Image ID	Description	>	Image Name	Active	Pyr.	Int.	Ext.	DTM	Ortho	Online
1	1		>	d:/摄影测量实验/lps空三/images/01-155.tif	X						
2	2			d:/摄影测量实验/lps空三/images/01-156.tif	X						
3	3			d:/摄影测量实验/lps空三/images/01-157.tif	X						
4	4			d:/摄影测量实验/lps空三/images/02-164.tif	X						
5	5			d:/摄影测量实验/lps空三/images/02-165.tif	X						
6	6			d:/摄影测量实验/lps空三/images/02-166.tif	X						

图 6-57

还可以通过单击 Pyr. 下的红色单元格实现这一功能。

金字塔影像是 LPS 软件基于二项式插值算法和高斯滤波，利用 ERDAS 的相关功能，对影像进行合并运算，并按合并像素个数不同分级，金字塔影像的最底层就是原始影像。这样做既保留了必需的影像信息，又提高了对影像的后续运算速度而节约时间。

4. 内定向

单击 Edit/Frame Editor 命令或工具条 命令按钮，打开 Digital Camera Frame Editor 窗口，单击 Interior Orientation 功能条，打开属性页如图 6-58 所示。

单击"Next"按钮，可以查看其他影像的相机内参数。

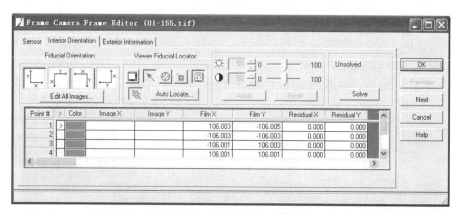

图 6-58

单击 Fiducial Orientation 下面的四个坐标系按钮，选择自己相机文件对应的框标坐标系，Viewer Fiducial Locator 下面的控件框内提供了内定向的一些工具按钮，单击 按钮，系统加载当前影像进行内定向，加载后如图 6-59 所示。影像窗口的左窗口为主窗口，右上窗口为全局试图窗口，右下窗口为细节视图窗口。

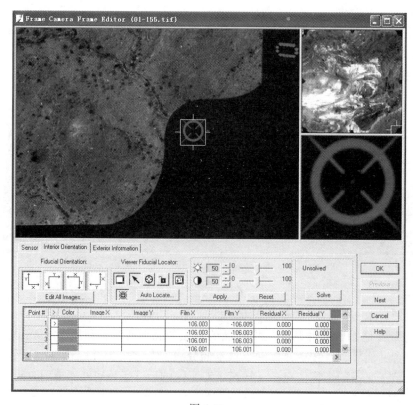

图 6-59

加载后，系统自动把连接光标移动到第一个框标附近（若自动跳转按钮 处于弹起状态，则不会自动跳转），按下 ↖ 按钮，我们可以移动连接光标，使影像的框标位于细节视图窗口的中间。按住主窗口连接光标的范围框拖拉，可调整细节图的显示比例。

单击测量图标 ⊕，但细节图的框标中心点击一下，系统自动测量该点的像素坐标，显示于窗口下方信息列表中，并跳转到下一框标位置，继续测量其他框标点，量测完毕后可在信息列表查看量测结果和残差，如图 6-60 所示。

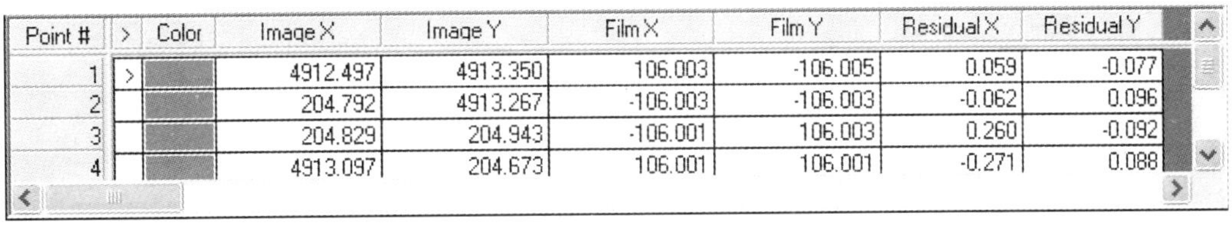

Point #	>	Color	Image X	Image Y	Film X	Film Y	Residual X	Residual Y
1	>		4912.497	4913.350	106.003	-106.005	0.059	-0.077
2			204.792	4913.267	-106.003	-106.003	-0.062	0.096
3			204.829	204.943	-106.001	106.003	0.260	-0.092
4			4913.097	204.673	106.001	106.001	-0.271	0.088

图 6-60

如果残差符合精度要求，可单击 Next 按钮继续量测下一张影像；若残差没有达到要求，可以重新量测残差大的框标。

系统提供了自动内定向功能，单击自动内定向图标 Auto Locate... ，弹出自动内定向窗口，如图 6-61 所示。

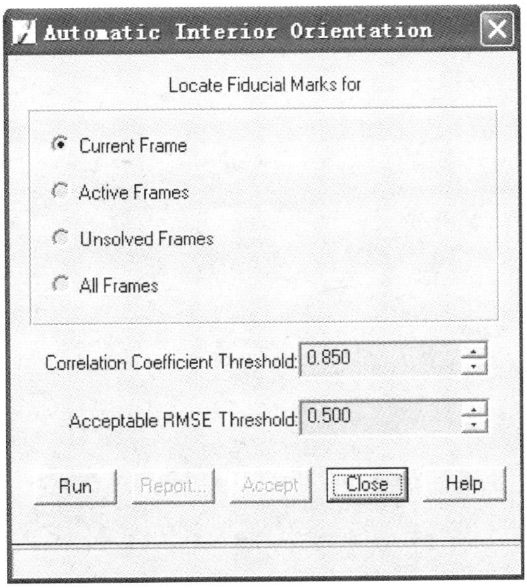

图 6-61

在 Locate Fiducial Marks for 单选框中选择是对当前影像自动内定向还是对所有影像，然后设置参数改正的阈值和残差阈值。单击"Run"按钮，系统对所选择的影像进行自动内定向。运行完毕后，单击"Report"按钮，查看各影像的内定向精度，如果精度满足要求，但就"Accept"按钮退出。退出后可以在内定向窗口查看内定向结果，并可按手工量测方式对结果进行微调。

对所有影像进行内定向后，单击"OK"按钮退出，LPS project manager 窗口的图像信息列表的 int. 方格变为绿色，如图 6-62 所示。

Row #	Image ID	Description	>	Image Name	Active	Pyr.	Int.	Ext.	DTM	Ortho	Online
1	1		>	d:/摄影测量实验/lps空三/images/01-155.tif	×						
2	2			d:/摄影测量实验/lps空三/images/01-156.tif	×						
3	3			d:/摄影测量实验/lps空三/images/01-157.tif	×						
4	4			d:/摄影测量实验/lps空三/images/02-164.tif	×						
5	5			d:/摄影测量实验/lps空三/images/02-165.tif	×						
6	6			d:/摄影测量实验/lps空三/images/02-166.tif	×						

图 6-62

5. 量测控制点

下面这一步将要根据已有的控制点的地方坐标和像方坐标，按共线方程解求每张航片的外方位元素平差值，这里至少要求三个地面控制点和一个高程控制点。

（1）单击 Edit-Point Measurement 命令或工具条上 ⊕ 命令按钮，开始量测控制点。

（2）在弹出的 Select Point Measurement Tool 对话框中，选择你想要的量测工具类型，单击 OK 退出。

（3）弹出 Point Measurement 窗口，如图 6-63 所示。

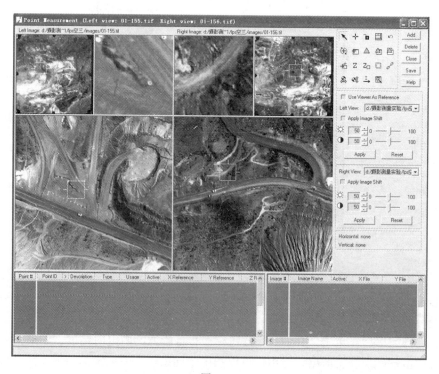

图 6-63

84

图 6-63 中，控制点量测窗口包括左右影像窗口、工具箱、影像选择窗口、控制点（加密点）地面坐标信息窗口、像片坐标信息窗口组成。LPS 的影像窗口对左右影像的概念并不敏感，我们可以不考虑影像的左右顺序，只需要使加载的两幅影像具有重叠区域，然后在重叠区域量测控制点即可。如果某控制点同时处在多张影像（比方说航带的三度重叠区）上，量测完当前影像后，可以在影像选择窗口 Left View（或 Right View 都可）下拉菜单中选择其他影像继续量测。下面将介绍具体量测方法：

我们可以单击 Add 按钮，地面坐标信息窗口增加一行表格，点击相应表格输入一个控制点的坐标，依此顺序增加控制点信息。也可以直接导入控制点地面坐标，方法是：

首先建立控制点文件，格式为：

点号　x　y　z

点号　x　y　z

……

点号　x　y　z

在工具箱单击 Import 按钮 ，弹出 Import/Export Points 对话框，如图 6-64 所示。

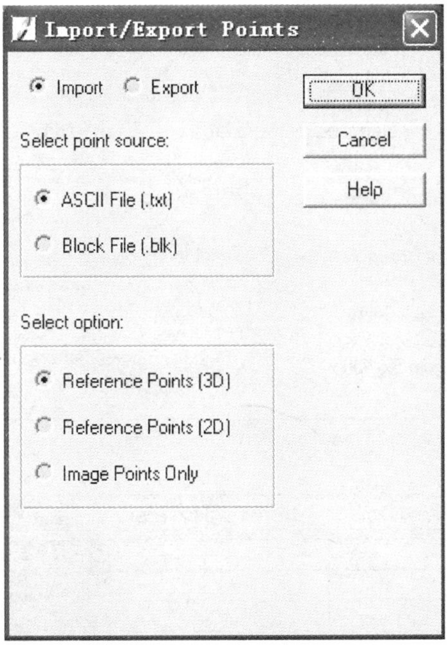

图 6-64

选择 Import，文件类型为 ASCII，控制点类型为 Reference Points（3d），单击"OK"按钮，弹出选择文件路径对话框，选择控制点文件，单击"OK"按钮退出。系统弹出"Reference Import Parameters"对话框，如图 6-65 所示。

对于控制点的坐标系类型等参数，系统默认显示的是建立工程师设定的坐标系，一般不需要改动。单击"OK"按钮。系统弹出"Import Options"对话框，如图 6-66 所示。

在此对话框设置控制点文件格式，以使系统能正确读入控制点坐标信息，可以单击 Input Preview 选项卡预览导入的控制点文件的读入格式。设定完毕，单击"OK"按钮，

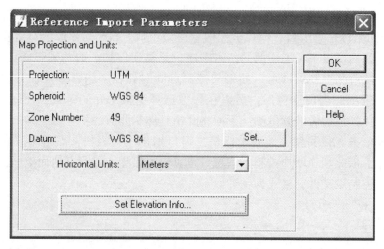

图 6-65

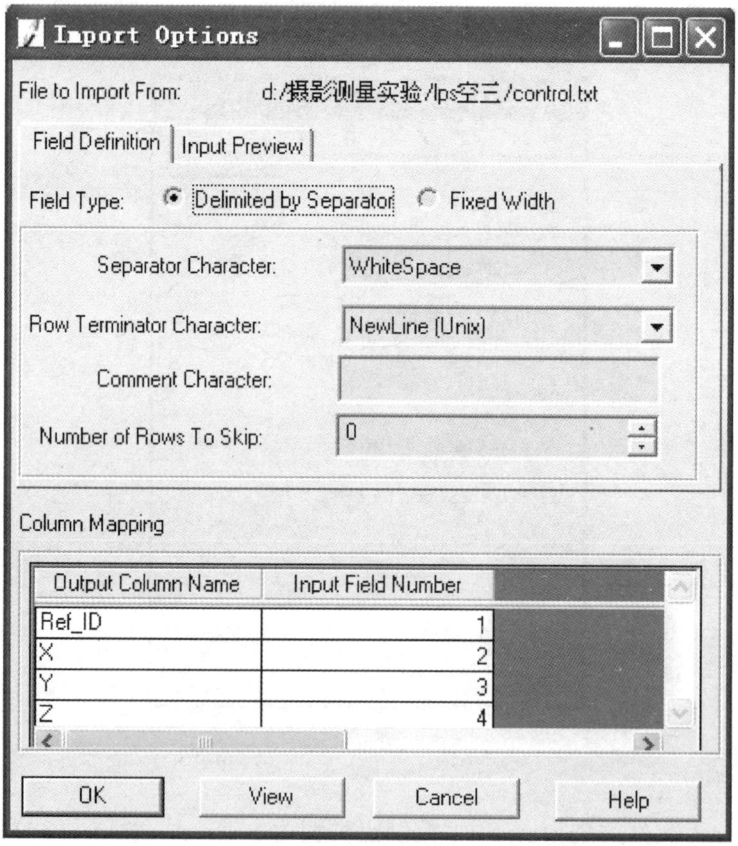

图 6-66

系统读入控制点信息，并显示在控制点量测窗口下方的地面坐标信息列表中，如图 6-67
所示。

可以单击某个控制点对应的 Type 下方的单元格，在弹出菜单中设置控制点类型（有
full/horizontal/vertical/none 几种类型），在 usage 下的表格中设置点的用途（有 control/tie/

Point #	Point ID	>	Description	Type	Usage	Active	X Reference	Y Reference	Z Reference
1	1155			Full	Control	X	16311.749	12631.929	770.666
2	1157			Full	Control	X	13561.393	12644.357	791.479
3	6156	>		Full	Control	X	14947.986	10435.860	765.182
4	3264			Full	Control	X	13491.930	7700.217	755.624
5	6266			Full	Control	X	16232.309	7741.696	703.121

图 6-67

check 几种类型）。

下面要进行的就是量测控制点了：

①在点的地面坐标信息列表中的 Point#下面的单元格中单击，选中某一控制点（选中状态为黄色高亮显示）。

②在左右影像窗口分别移动连接光标，使控制点在影像上的对应点位居于细节图中间。

③工具栏单击加点图标 ✛，在左影像的细节图的控制点点位上单击，该点位上显示绿色十字丝和点号，表示刺点成功。

④按照第三步在右影像上刺点。

第一个控制点量测完毕，这时在影像坐标信息列表分别显示了控制点在不同影像上的影像坐标，如图 6-68 所示为某控制点在各张影像上的量测坐标。

Image #	Image Name	Active	X File	Y File
1	01-157	X	4530.413	4041.812
2	01-156	X	2570.038	4055.690
3	01-155	X	717.625	4019.375
4	02-164	X	4477.625	808.625
5	02-165	X	2677.375	771.875
6	02-166	X	822.125	653.875

图 6-68　量测的 6156 号控制点的影像坐标

图 6-69 是某控制点的量测结果。

按照上述步骤继续量测其他控制点。

确定控制点信息无误后，点击窗口右上方的"Save"按钮保存。

6. 自动匹配

（1）在 Point Measurement 窗口的工具箱点击 ▣（Automatic Tie Properties）命令按钮，打开 Automatic Tie Point Generation 窗口，点击 General 功能条，在 Images Used 单选按

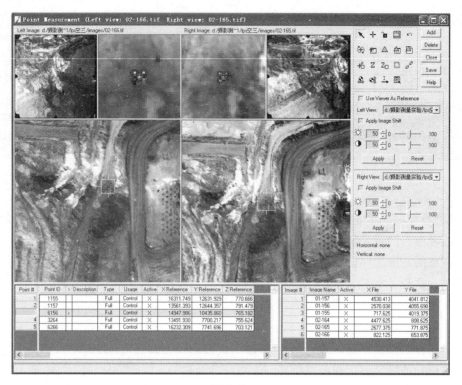

图 6-69

钮中选中 All Available 选项；在 Initial Type 单选按钮中选中 Exterior/Header/GCP 选项；在 Image Layer Used for Computation 对话框中输入 1，表示利用金字塔影像的第一层进行计算以确保精度。如图 6-70 所示。

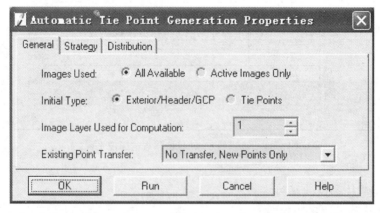

图 6-70

（2）单击 Strategy 选项卡，在打开的属性页中设置相关参数，如图 6-71 所示。
单击 Distribution 选项卡，设置有关参数，如图 6-72 所示。
（3）单击 Run 按钮，运行自动匹配。

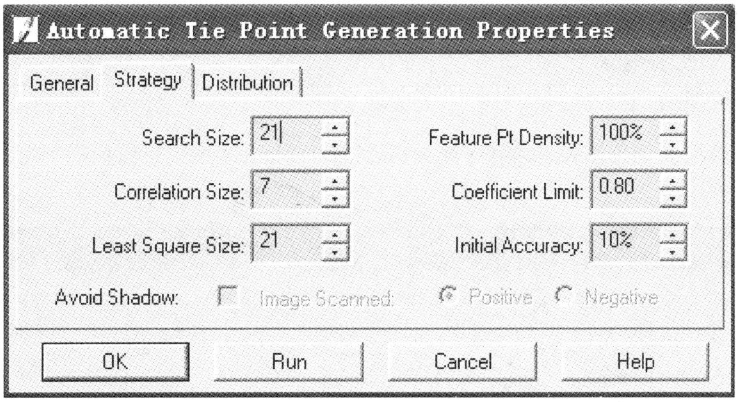

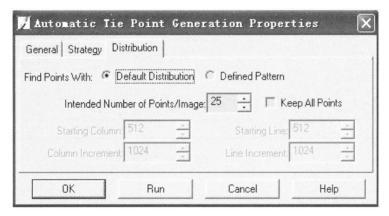

图 6-71

图 6-72

（4）运行完成，弹出 Auto Tie Summary 窗口，显示自动匹配的相关信息，如图 6-73 所示。

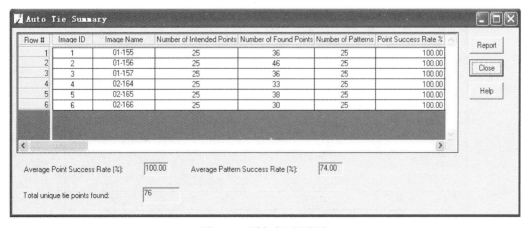

图 6-73　同名点匹配报告

（5）单击 Report 按钮，可以用 ERDAS 的编辑器查看上述信息。如有需要，可以保存。

（6）关闭 Auto Tie Summary 窗口，在 Point Measurement 窗口查看各匹配点是否可以接受。

（7）单击 Save 按钮，保存。

7. 空中三角测量

（1）在工具箱面板单击按钮 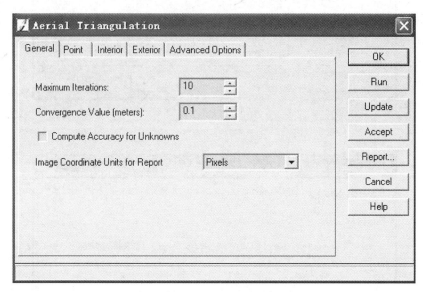 打开 Aerial Triangulation 参数设置窗口，如图 6-74 所示。

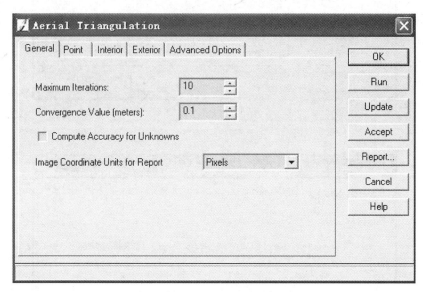

图 6-74　Aerial Triangulation 参数设置窗口

单击 General 选项卡，在此属性页中设置最大迭代次数和迭代收敛值。

（2）单击 Point 选项卡，在此属性页中设置相关精度指标，如图 6-75 所示。

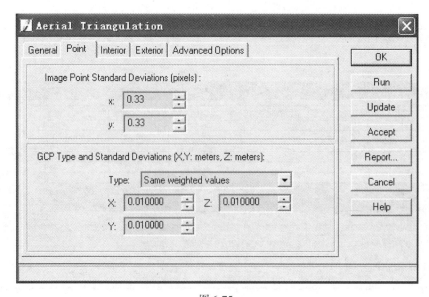

图 6-75

在 GCP Type and Standard Deviations 对话框的 Type 下拉菜单中选择 Same Weighted Values 选项,根据控制点精度设置控制点的标准差。

分别打开其他几个属性页,根据实际情况设置相应的参数,这里不一一介绍。

(3)单击 Run 按钮,运行空中三角测量。

(4)运行完毕,弹出 Triangulation Summary 窗口,显示三角测量基本信息,如图 6-76 所示。

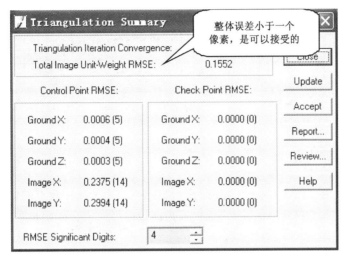

图 6-76　三角测量精度报告

(5)单击 Report 按钮,打开空中三角测量详细信息文本,查看相关信息,如图 6-77 所示。

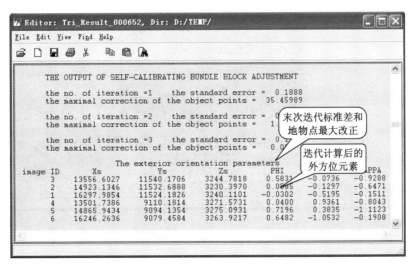

图 6-77

(6)检查相关信息后,如果结果可以接受,退出报告。

（7）在 Triangulation Summary 窗口点击 Update 更新，单击 Accept 接受计算结果，单击 Close 退出。接受计算结果后，匹配点的地面坐标显示在地面坐标信息列表中。如图 6-78 所示。

Point #	Point ID	>	Description	Type	Usage	Active	X Reference	Y Reference	Z Reference
6	6267			None	Tie	X	16755.095	10598.685	751.686
7	6268			None	Tie	X	17629.697	10607.572	825.862
8	6269			None	Tie	X	17004.260	10351.216	802.029
9	6270			None	Tie	X	15986.383	9900.493	751.746
10	6271			None	Tie	X	15840.221	9734.164	756.041
11	6272	>		None	Tie	X	16585.542	9722.826	789.885
12	6273			None	Tie	X	16764.271	9739.204	797.351
13	6274			None	Tie	X	16739.949	9720.300	793.613

图 6-78

（8）退出空三窗口。

（9）检查空三结果。

回到主窗口，在 LPS Project Manager 窗口显示空三后的航片及点的信息。在图像信息列表中 Ext. 列表下的方格变绿，表明空中三角测量已经完成，如图 6-79 所示。

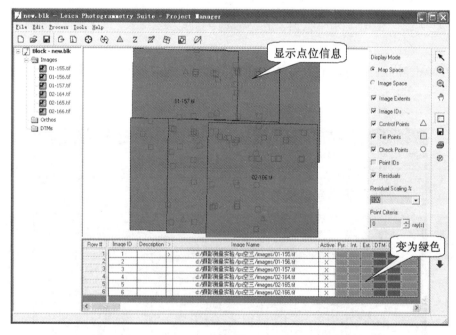

图 6-79

单击图像窗口的各点位的红色方框或三角框（方框为匹配点，三角框是控制点），可以查看单个点的信息，如图 6-80 所示。

空三完成以后，我们还可以在此窗口根据空三的结果生成 DEM 和正射影像，在这里就不做详细介绍，建议同学们在课下进行这两个实验操作。

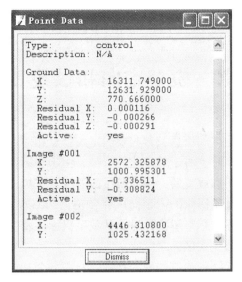

图 6-80

6.5 习   题

1. 在 GPS 辅助空中三角测量中，GPS 的作用是什么？GPS 辅助空三的优势体现在哪些方面？

2. 在自动空三系统中，各像片间像片连接点的量测与连接是怎样进行的？

3. 在自动空三流程中，自动选点的目的是什么？怎样进行？

4. 在自动空三流程中，平差解算是否只进行一次就能达到精度要求？为什么？

第7章 模型定向和核线重采样

要从影像中提取物体的空间信息，首先要确定与物点相对应的像点坐标，当在计算机上以数字形式量测像点坐标时，对于数字化的影像，由于在影像扫描数字化过程中，影像在扫描仪上的位置通常是任意放置的，因此所量测的像点坐标也存在着从扫描坐标到像坐标的转换，这个转换过程就是影像的内定向（张剑清，2003）。对扫描数字化影像，内定向问题需要借助影像的框标坐标来解决；对于从数字摄影仪直接得到的数字影像，内定向需要利用影像像元大小和像主点坐标来完成。

建立立体模型，是后续摄影测量处理的基础。利用一个立体像对建立起以像空间辅助坐标系为基准的任意比例尺的立体模型的过程就是相对定向。目前相对定向都是系统自动完成的。相对定向只是建立起像对中影像的对应关系，还无法确定立体模型在实际物空间坐标系中的正确位置。

要确定立体模型在实际物空间坐标系中的正确位置，则需要把模型点的摄影测量坐标转换为物空间坐标。这需要借助于物空间坐标为已知的控制点来确定空间辅助坐标系与实际物空间坐标系之间的变换关系，这个过程称为立体模型的绝对定向。绝对定向其实就是一个不同原点的三维空间的相似变换问题。目前，控制点的影像坐标还只能由人工量测得到。

数字影像是个规则排列的灰度格网序列，但当对数字影像进行几何处理时，如对核线的排列、数字纠正等，由于所求得的像点不一定恰好落在原始像片上像元素的中心，要获得该像点的灰度值，就要在原采样的基础上再一次采样，即重采样。核线重采样就是沿着核线对影像进行重采样，获取核线的灰度序列。

本章将介绍内定向、相对定向、绝对定向和核线重采样实验的有关内容，实验所用软件为 MapMatrix。

7.1 实习内容和要求

本章的实习内容包括单片量测，定向（又包括内定向、相对定向和绝对定向）和核线重采样。在进行定向之前，还需要建立测区和模型、建立相机检校文件和控制点文件等准备工作。具体的实习要求如下：

（1）理解单片量测的原理，掌握其作业流程。

（2）理解控制点文件和相机检校文件的格式和其中各项内容的含义，会自己建立这两个文件。

（3）通过对模型定向的作业，了解数字影像立体模型的建立方法及全过程，并能较熟练地应用定向模块进行作业，满足定向的基本精度要求。

（4）掌握核线影像重采样，生成核线影像对。

7.2 单像空间后方交会

从二维影像解算物方三维空间坐标时需要恢复影像的方位，即确定摄影瞬间摄影光束在地面坐标系中的位置与姿态，称为外方位元素。恢复外方位元素的一种方法是利用一定数量的地面控制点，根据共线条件方程式，解求像片外方位元素，即单像空间后方交会。解算时每张像片至少需要三个地面控制点。在 MapMatrix 系统中，系统可利用已知的控制点地面坐标和量测所得的控制点的像点坐标，通过空间后方交会计算外方位元素，如果用户已有该影像对应的数字高程模型（DEM），则可以利用单片空间后方交会的成果及该 DEM 对该原始影像进行纠正，制作正射影像，即实现单片量测。方法如下：

首先新建工程，设置相机参数和控制点文件，添加影像。具体操作参考 7.3.1 小节。

然后点击工程根节点，在 MapMatrix 主界面的右侧属性窗口中，设置定向方法为单片后方交会。如图 7-1 所示。

图 7-1

右键点击影像，如本例中的 01-155_ 50mic，在弹出的菜单中选择"控制点量测"，弹出定向界面，点击快捷图标，开启小影像浏览窗口。如图 7-2 所示。

操作过程：

（1）增点：移动鼠标到影像窗口中，找到控制点所在的点位并单击，该点位上将出现一个十字丝（黄色大十字丝表示当前点）。找准点位后，在小影像窗口（即图示的"影像工具-左窗口"）中的编辑框中输入该控制点点号。单击快捷图标，该点即加入到控制点列表中。用户可以通过界面右侧的对象属性窗口查找该控制点，并进行编辑和微调。

（2）后方交会：当添加完三个控制点后，系统自动计算外方位元素，并预测其他的控制点。系统会自动进行计算，并显示控制点残差，最后将解算结果自动保存在影像所在

图 7-2　单片像点量测界面

目录中的影像外方位元素文件中。

7.3　模型定向

我们选取两张影像进行模型定向实验的操作说明。在进行实验之前，请同学们先在某个磁盘目录下新建一个文件夹，作为本次实验的作业目录。然后把本书附带光盘中的两组影像数据（以 10001 和 10002 命名的所有文件和 index 文件夹）、控制点文件（samples. grd）、相机检校文件（samples. cmr）拷入此文件夹内。做好数据的准备。示例实验的作业目录为：D：\ 摄影测量实验\ 模型定向。如果要使用自己的数据，请参考示例数据中的 samples. grd 和 samples. cmr 的格式定义控制点和相机参数文件。

7.3.1　数据准备

1. 新建工程

用鼠标左键单击主界面中"工程浏览窗口"上的 按钮，系统弹出一个"浏览文件夹"对话框，如图 7-3 所示。

在其中选择一个存放项目文件的文件夹 samples（名字由用户自己定义），然后单击"确定"按钮，系统将自动在用户指定的文件夹下建立如图 7-4 所示的目录结构，用来存放数据处理过程文档。同时系统自动在 MapMatrix 程序所在盘中 Project 目录下建立一个后缀为 ∗. xml 的一个工程文件。系统会将创建的工程文件的情况在主界面中下部的输出窗口中显示出来。

2. 加载工程

鼠标右键单击工程浏览器窗口，系统弹出下拉菜单，如图 7-5 所示。

图 7-3

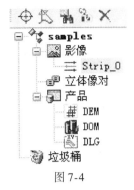

图 7-4

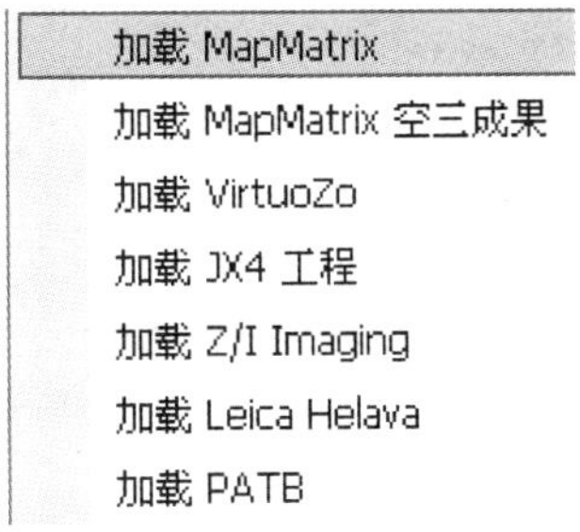

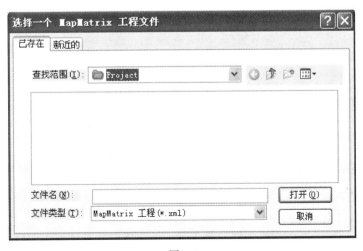

图 7-5

以 MapMatrix 工程为例。单击其中一个选项，系统弹出文件选择对话框，如图 7-6 所示。系统默认显示出当前已经存在的工程文件。

图 7-6

如果默认显示中没有用户需要的文件，请单击"查找范围"文本框旁的 ▼ 按钮，在下拉列表中指定查找路径，选中需要打开的文件，然后单击图7-6中的"打开"按钮，即可加载选中的数据文件。

单击上图中的"新近的"层，系统弹出如图7-7所示的对话框。该对话框中显示最近打开过的文件及其路径，用户可以在此方便快捷地查找到需要打开的文件。然后用鼠标左键单击目标文件，再单击"打开"按钮即可。

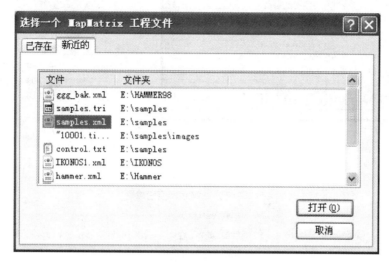

图 7-7

加载完一个工程后，系统在输出窗口中会实时给出提示信息，如图7-8所示。

图 7-8

3. 设置或查看相机参数

相机检校参数包含影像定向的重要信息，所以在定向前一定要认真检查相机参数设置是否正确。

在主界面上点击根目录，然后在工程浏览窗口中点击快捷图标 ，弹出相机编辑界面，如图7-9所示。用户可以在该界面手动下输入影像的像主点、焦距、框标信息，也可以点击 导入已经编辑好的相机文件。

如果之前已经定义好了相机文件，导入后，在相机参数对话框里面检查相各参数设置是否正确。指定完毕后，点击 保存编辑结果。

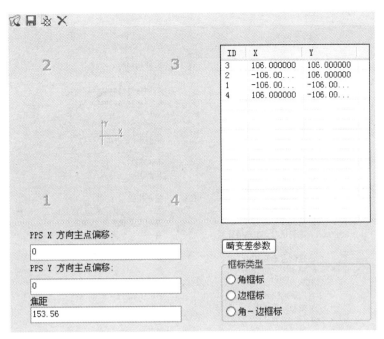

图 7-9　相机参数设置

4. 查看或输入控制点

在工程浏览窗口点击工程根节点，然后点击该窗口中的快捷图标 ✍，弹出控制点编辑窗口，在该窗口中可以手工输入控制点，或导入控制点文件，如图 7-10 所示。

选.	ID	X	Y	Z	类型
	9001	82040.22522...	183812.8250...	234.780186000	Full Control
	9002	83142.18030...	183418.7760...	47.472021000	Full Control
	9003	83215.18979...	181758.5329...	33.644851000	Full Control
	9004	81946.63096...	181803.2723...	19.757144000	Full Control
	9005	82001.76717...	182704.4422...	53.560218000	Full Control
	9006	83092.80833...	182803.0666...	138.455176000	Full Control
	9007	83187.79843...	183689.1919...	3.458027000	Full Control
	9008	83846.23683...	183933.6708...	1.197635000	Full Control
	9009	83908.21954...	182944.1537...	161.602597000	Full Control
	9010	83991.18309...	181945.8446...	53.604996000	Full Control
	9011	83186.58431...	180594.5662...	41.990307000	Full Control
	9012	81977.65667...	180555.6536...	28.376502000	Full Control
	9013	82047.69281...	181977.9048...	19.707374000	Full Control
	9014	83237.16416...	182381.4682...	54.020748000	Full Control
	9015	84051.00678...	180518.1663...	88.028732000	Full Control

图 7-10　地面控制点编辑

设置完毕后，点击 🖫 保存编辑结果。

5. 设置测区属性

在工程浏览窗口点击工程根节点，然后在界面的右边"对象属性"窗口中会弹出测区的当前属性信息。如图 7-11 所示。在该界面中，将"定向方法"设置为相对定向→绝对定向，"测区类型"设置为量测相机。

对象属性	
□ 测区参数	
测区路径	E:\Hammer
测区名称	Hammer
默认控制点文件路径	E:\Hammer\control.txt
默认相机文件路径:	E:\Hammer\camera.txt
大地水准面改正文件	
水准面高于椭球面(m)	0.000000
定向方法	相对定向-->绝对定向方法
测区平均高程	0.000000
DEM生成方向	0.000000
摄影比例尺	10000
正射影像比例尺	2000
测区类型	量测相机
地球曲率改正	否
最大核线范围	控制点连线的最大范围
成果投影到本地坐标系	否
使用高程基准	否
控制点单位	米
输出成果的单位	米
□ 限差	
内定向限差	0.020000
绝对定向限差	0.020000
□ 控制点坐标系统	
坐标系	局部坐标系
分带类型	三度带
投影带号	-1
南北半球	北半球
坐标类型	地图投影XYZ

图 7-11　设置测区属性

6. 导入影像并设置参数

影像参数包括模型中各张影像的必要信息，比如影像的行列数、像素大小、相机类型、黑白或彩色、是否旋转等。查看和设置影像参数的方法为：

点击影像节点，在下拉列表中，选择 Strip_ 0，右键点击该节点，在弹出的右键菜单中选择"添加影像"，如图 7-12 所示。

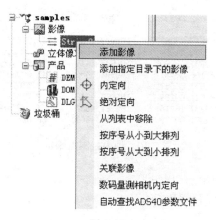

图 7-12

在弹出的对话框中选择需要处理的影像，如图 7-13 所示：

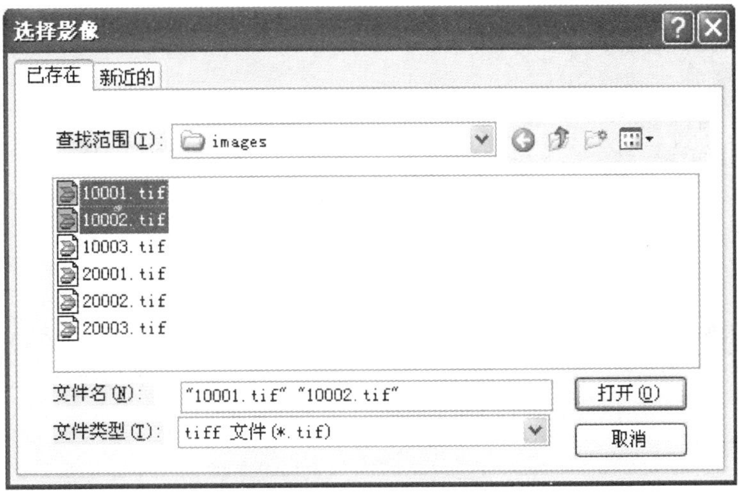

图 7-13

然后为导入的影像排序，右键单击航带节点，在弹出的右键菜单中选择排序方式，在本实例中，选择"按序号从大到小排列。"

左键单击航带节点，在右边的属性窗口中设置该航带影像的属性信息。如图 7-14 所示。

图 7-14

7. 创建立体像对

影像文件导入完毕后，需要将同航带的相邻影像组建立体像对。

在工程浏览窗口，选中需要组成立体像对的影像，点击右键，在右键菜单中选择"创建立体像对"，如图 7-15 所示。程序会按照从上到下的顺序，逐个为相邻的两张影像创建立体像对。

创建的结果会在"立体像对"列表中显示，如图 7-16 所示。

7.3.2 内定向

1. 左影像内定向

工程创建完成，测区参数也设置完毕后，就可以开始定向操作了。首先是内定向。单击选中左片，然后点击快捷图标，程序将进入内定向界面。如图 7-17 所示。

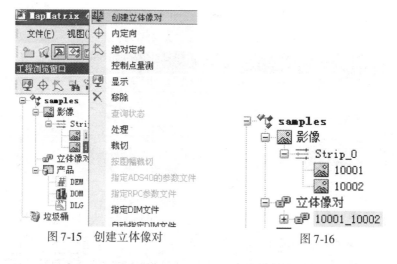

图 7-15　创建立体像对

图 7-16

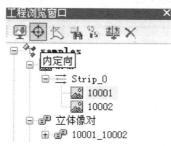

图 7-17

内定向界面如图 7-18 所示。

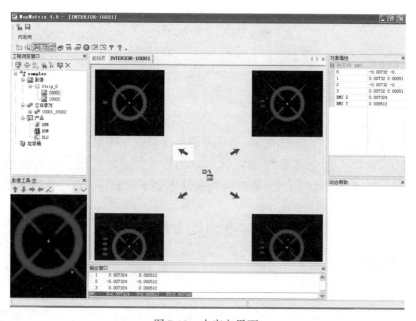

图 7-18　内定向界面

在进入内定向界面时，系统会首先自动内定向，定向信息在界面中的"输出窗口"栏中显示。

左上是"工程浏览窗口"。左下是"影像工具-左"，通过点击工具栏上的 🔧 进行开启和关闭操作，内定向的微调操作在该窗口中进行。中间是内定向的主界面，列出了四个角框标当前的定向信息。右边对象属性窗口中列出了内定向的误差均方根信息，单位为毫米。

如果自动内定向的 RMS 值满足限差要求，且光标都在角框标的正中心位置，点击 💾 保存内定向结果。

如果不满足，则需要手动调整框标。在界面中心窗口中，通过点击箭头选择要调整的框标，则该框标会自动显示在影像工具-左窗口中。在该窗口中，通过鼠标点击或 ⬆ ⬇ ➡ ⬅ 进行微调，使光标处于框标的正中心位置。

依次处理四个框标，直到所有的框标中心都与光标点对齐，并且误差均方根满足限差要求。完成之后，保存定向结果。

2. 右影像内定向

左影像内定向完成后，接着就进行右影像的内定向。具体操作跟左影像内定向相同。

7.3.3 相对定向

在工程浏览窗口，点击需要相对定向的立体像对，然后在快捷图标中点击相对定向，如图 7-19 所示。

图 7-19　相对定向界面

系统将弹出相对定向界面，如图 7-20 所示。建议首先采用自动相对定向的方法进行相对定向。如果自动相对定向结果不够合理，不能满足定向要求，用户可以先手工加起算同名点，然后再自动定向。在这里只讲述后者。

手工加起算同名点：点击工具栏中的 🚗 🚗 图标，打开影像工具窗口，然后从左影像和右影像中选取一个同名像点，该点会在左、右影像工具窗口中分别显示。在"影像工具"窗口中用鼠标或者"方向箭头图标"调整点位，使得同名像点点位对齐。然后在"影像工具-左"窗口的菜单下，给该点命名，然后点击 ✔ 保存编辑结果。

注意：两个影像工具窗口实际上就是微调窗口。激活该窗口，点击右键，用户可以选择窗口的放大比例等信息。

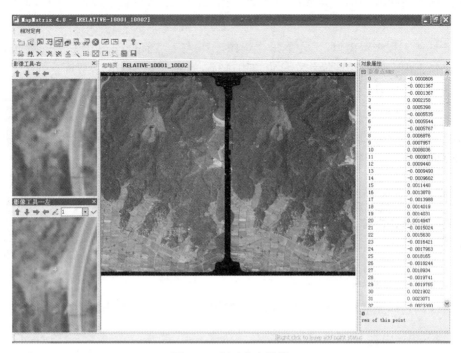

图 7-20　相对定向结果

自动相对定向：点击快捷图标中的 ![icon] 图标，系统将进行自动相对定向。相对定向的结果会在右边"对象属性"窗口中显示。

检查与调整：

在"对象属性"窗口中显示了自动匹配点的视差信息。

点击快捷图标 ![icon] 对匹配点按照视差大小进行排序。对于视差超过限差（例如，0.01mm）的点，用户可以点击该点点号，然后在影像工具窗口中进行微调。或者选中一个临界点，然后点击 ![icon]，"删除残差大于选定点的所有点"，删掉粗差点。

注意：在删点的时候，一定要保证剩余的点在左右片叠合区域中均匀分布。如果出现大片区域缺点，还需要在缺点的地方补点。补点的操作方法跟手工加起算点相同。

7.3.4　绝对定向

绝对定向前，要以手工的方式在当前模型的左右影像上准确的定位一些控制点（单模型至少要四个或四个以上的控制点）。

1. 量测控制点

打开 index. html 文件，查看测区的控制点分布情况，在航片上点击控制点，会出现放大图像，是量测控制点的依据。

量测控制点是在相对定向的界面下进行的。在相对定向界面中，找到该模型对应的控制片，在影像窗口中找到与控制片对应的某控制点大致位置后，单击鼠标左键确认，然后在控制点左右微调窗口调整测标对准控制点，调整完毕后，在"影像工具-左"窗口上方的编辑栏中输入相应的控制点名，点击按钮 ![icon]，即将此控制点添加到了立体模型中，控制点误差信息也会显示在对象属性窗口中。如图 7-21 所示。用同样的方法可加入其他控制点。

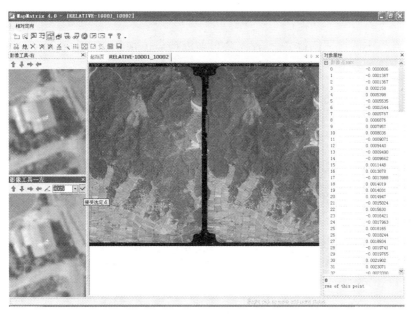

图 7-21　量测控制点

按以上操作依次量测三个控制点后（三个控制点不能位于一条直线上），系统会弹出控制点调整的对话框，如图 7-22 所示。这说明工程已经可以进入绝对定向了。在该对话框中，可以进行 X 方向、Y 方向和 Z 方向的调整，并可以设置移动步距的大小以及小影像缩放大小。误差的单位是米。

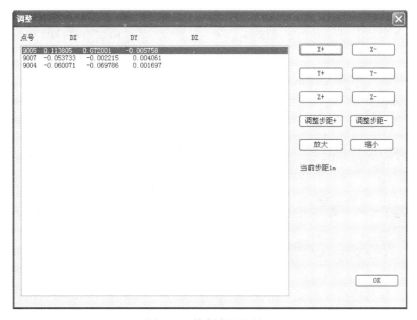

图 7-22　控制点调整界面

一般情况下，三个控制点满足绝对定向起算要求，但是不能保证绝对定向的精度。所以需要在整个立体像对上均匀布点，最好是六个标准点位都要有点。因此，需要首先退出控制点调整对话框，回到相对定向界面进行点位预测。

点击工具栏中的快捷图标 ，程序会自动进行点位预测。如图7-23所示，标有蓝色点号的点即为预测点。

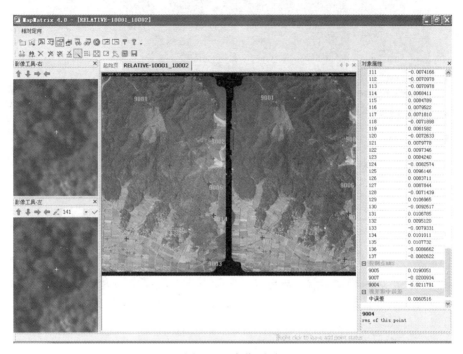

图 7-23　点位预测

点击预测点，小影像中会显示预测点的当前点位。依据控制点点位图，将该点调整到正确的位置，保存。

依次对其他的预测点左同样的编辑，直到所有控制点添加完毕。

2. 绝对定向计算

控制点量测完后，退出相对定向界面。在主界面中选中立体像对，然后在工程浏览窗口中点击快捷图标 进行绝对定向。

绝对定向的结果会在主界面的输出窗口中显示，如图7-24所示。

3. 检查与调整

根据误差显示可知绝对定向的精度如何，若某控制点误差过大，则可进行微调。其微调方法与步骤如下：

（1）在定向结果窗中对某控制点误差行单击鼠标左键，选中该点，弹出该控制点的微调窗。

（2）立体影像微调（因无立体镜，暂不用）

注意：在操作中随时参看定向结果窗中的误差变化，以确保控制点位和计算精度要求。

（3）选中另一个需调整的点，进行微调。

输出窗口

地面中误差

ID	DX	DY	DZ
2155	1.199913	-2.540955	-8.160293
2156	-0.698281	-3.244990	-0.801848
1155	2.709506	-1.409356	1.767202
1156	-2.077563	2.730424	2.459372
6156	-0.536379	-0.897262	-1.062677
6155	-0.597196	5.362140	5.798244

RMS: x=1.539990 y=3.054656 z=4.304141

完成

图 7-24 绝对定向中误差

（4）所需调整的点均完成后，选择控制点微调窗中的“确定”按钮，程序返回相对定向界面。

至此，绝对定向完成。

倘若微调的结果仍然不能满足限差要求，说明相对定向点的总体误差产生了有向偏移。如果相对定向产生了这样的误差，不论控制点点位如何精确，系统在计算的时候都会显示控制点误差超限。针对这一状况的处理方法是，删除所有相对定向点，以控制点作为相对定向的起算点。

具体操作方法是：可以点击，“删除相对定向点”，然后对仍然保留的绝对定向点进行微调，确保所有控制点点位准确。然后参照 7.3.3 小节进行相对定向操作。操作完毕，退出相对定向界面。在主界面中选中立体像对，然后在工程浏览窗口中点击快捷图标进行绝对定向。

7.4 核线影像生成

模型核线重采样是基于模型相对定向结果，遵循核线原理对左右原始影像沿核线方向保持 X 不变，在 Y 方向进行核线重采样，这样所生成的核线影像保持了原始影像同样的信息量和属性。

大地核线重采样是基于绝对定向的结果，采集的是“水平”核线。

1. 定义核线范围

在相对定向界面，点击快捷图标，“全屏”显示影像，界面显示模型的整体影像，然后再点击快捷图标，选择“自定义核线范围”，随之将光标移至右影像窗中，置于作业区左边一角点处，按下鼠标左键，然后拖动鼠标朝对角方向移动，当屏幕显示的绿色四边形框符合作业区范围时，停止拖动，松开鼠标左键，则作业区定义好，显示为绿色四边形框。

如果在弹出的菜单中，点击快捷图标，“最大核线范围”，程序将自动定义一个最大核线范围。如图 7-25 所示是自动生成最大作业区的结果。

保存定义结果，退出相对定向界面。

2. 生成核线影像

首先定义核线类型。选中需要生成核线的立体像对，在界面右侧的对象属性窗口中，

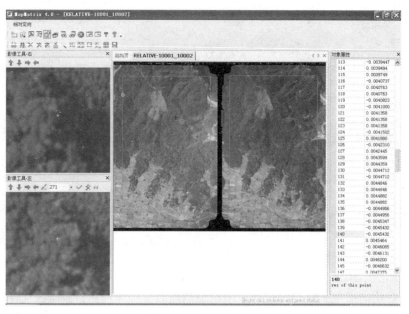

图 7-25　自动生成最大核线范围

设置核线类型。模型核线是依赖相对定向结果，不需要置平处理；大地核线是依赖绝对定向结果，需要对核线置平。如图 7-26 所示。

图 7-26　设置核线类型

设置完毕，点击快捷图标，进行核线重采样计算。

3. 退出

至此，该模型的内定向、相对定向、绝对定向及核线影像生成均已完成。同样，接着可以建立第二个、第三个……第 n 个模型。当每个模型的核线影像生成后，则进行影像匹配计算。

7.5 习　　题

1. 自动内定向的结果需要调整吗?

2. 绝对定向需要依靠地面控制点进行吗? 若需要，怎样量测这些点的影像坐标?

3. 影像匹配、内定向、生成核线影像、制作正射影像图、生成数字高程模型是数字摄影测量系统中几项重要的功能和作业，系统操作中这几项作业正确的作业顺序是什么?

4. 目前数字摄影测量系统的自动化体现在哪些方面?

第8章 数字立体测图

数字立体测图是在数字立体影像对上，利用计算机代替解析测图仪，用数字影像代替模拟像片，用数字光标代替光学光标，直接在计算机上进行数字化测图的作业方法，其目的主要是用于地物量测。数字立体测图一般为交互式数字影像测图系统，用户可在立体影像或正射影像上，进行地物数据采集及编辑，生成数字测图文件，并按标准的制图符号将之输出为矢量地形图。

8.1 实习内容和要求

本章的实习内容主要有利用多源空间信息综合处理平台 MapMatrix 及其测图模块 FeatureOne 进行数字影像的测图。具体内容和要求如下：
- 了解用 FeatureOne 进行测图的主要流程，熟悉其中的重要步骤和关键参数设置
- 掌握用 FeatureOne 进行典型地物量测的方法，包括道路、房屋、等高线等
- 会对地物量测的结果进行编辑

8.2 数字立体测图流程

8.2.1 主作业流程

数字立体测图的主作业流程如图 8-1 所示。

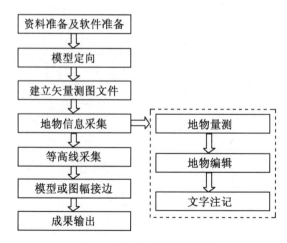

图 8-1 数字立体测图流程

8.2.2 地物信息采集

1. 确定立体测图范围

测图应以控制点连线为准，最大不大于控制点连线 1cm，且离像片边缘不小于 1.5cm（上下航线之间的旁向重叠部分、左右像对的连线不应有漏洞）。自由图边应测出内图廓 0.4cm。

2. 测量控制点

应将像对内所有内、外业控制点展绘到绘图文件上；测量控制点，图上除绘出点符号外，还应注出控制点的名称和高程（以分数形式表示，分子为点名，分母为高程）。点名和高程一般注在符号右方。凡经过外业水准联测高程的控制点（如：三角点、水准点等），高程注至 0.01m，其他注至 0.1m。

3. 立体测图

如采用全野外调绘方式测图，参照调绘片在仪器上要认真仔细地辨认、测绘。原则是外业定性，内业定位。当外业调绘确有错误时，内业可根据立体模型影像改正，并在调绘片背后加以说明。测绘地物、地貌元素要做到无错漏、不变形、不移位。测绘地物应根据立体模型判读采集，测标中心应始终切准地物外轮廓和定位点，依比例尺的地物应切准地物的外轮廓线，半依比例尺的地物应切准地物的中心线，沿着依比例尺的长度测绘、不依比例尺的应切准地物的中心位置采集。

如采用内判测图后外业对照、补测和补调方法时，应注意下列几点：

（1）航摄像片的现势性要好。

（2）作业人员要具备一定的外业调绘工作经验。

（3）必要时需编制测区室内判读样片。

（4）对有把握判准的地物、地貌元素，按图式要求直接测绘在图板上；对无把握判准的地物、地貌元素，内业只测绘外轮廓作为疑点留给外业处理。

（5）外业进行检查、核对、补测和补调工作。对内业测绘有把握的部分要作抽查，对内业标明的疑点要作核对、补测，对内业无法判绘的地形元素如新增（或减少）的重要地物，隐蔽地区地物、地貌元素及影像上未显示出来的地物元素和各种注记等要进行补调。

地物要素应依分类代码采集。

（1）水系测绘：单线河要切准中心线，双线河要切准两边线。

（2）居民地测绘：准确绘出居民地的外围轮廓特征，房屋四角要切准。

（3）道路、境界、垣栅的测绘：测标要准确地沿着道路中心线或路两边线跟踪测绘，附属设施要准确绘出。境界一般以调绘片为准。管线及垣栅要准确绘出转折点。

（4）独立地物的测绘：独立地物是判定方位、确定位置、指示目标的重要标志，必须准确绘出，平面不能移位。

（5）地貌符号的测绘：地貌符号如陡坎、冲沟、梯田坎等，其形状、位置应以立体为准。

4. 接边和结尾工作

测绘地物、地貌时，应与已描图边进行接边（并经检查员检查）。在限差以内时，各改一半，可绘在差值的 1/2 处，超限时应查明原因，作出处理。

像对间的地物接边差最大不得大于地物点中误差的两倍，等高线接边差不应大于一个基本等高距。

每像对测完后，应检查之后再采集下一个像对。

每幅图测完后，应认真进行自校和资料整理。

8.2.3　等高线采集

地貌表示的是自然地貌（非人工地貌）。地貌采集是由等高线描绘配合地貌符号和高程注记点三个部分组成的。

（1）测绘高程目标点，一般选在明显地物点和地形点上，如：山头、鞍部、洼地、地形变换处，一类、二类方位物。山头点应选在山头的最高处，并不一定全在曲线正中心。鞍部点一定要选在最低处。对于个别矛盾的地物点，如能避开时尽量避开。主要堤应测注上、下高程，一般堤每隔 10～15cm 测一高程注记点。一般堤其堤高大于 1m 时，必须测注上、下高程，不足 1m 的，也应适当测注上、下高程，各类大于 2m 的比高，比深也应量注。依据地形类别及地物点和地形点的多少，其密度按规范规定图上每 10cm×10cm 为 5～20 个点。

（2）描绘曲线前应根据需要先测绘出山脊线、山谷线以控制山形，使曲线不发生偏扭，地形简单时可以不测。要根据测区设计书确定的等高距，以一高程值为定数（Z 值固定）测标始终切准模型表面的地貌轮廓。

（3）先测计曲线，再测首曲线。

（4）平地与斜坡交角处为山脚线。描绘曲线时，一定要测绘好山脚线。计曲线由高向低绘，首曲线由低向高绘；河漫滩曲线由低向高绘。

（5）凹地和凹地中的山头必须绘示坡线。

测绘等高线时要用测标切准模型描绘。在等倾斜地段，相邻两计曲线间距离在图上小于 5mm 时，可只测绘计曲线，首曲线可以插绘。

有植被覆盖的地表，当只能沿植被表面描绘时，应加植被高度改正。在树林密集隐蔽地区，应依据野外高程点和立体模型进行测绘。

高程注记点应切读两次，读数较差一般不大于 0.3m，取中数注至 0.1m。

8.3　数字立体测图综合实验

8.3.1　测图数据准备

1. 数据文件

测图之前应已建立测区及相应的模型。需要测图的模型应至少进行了内定向、相对定向以及核线的重采样处理。若此时进入测图模块，则数字化的量测成果将是基于模型坐标的，且不能自动匹配地面高程。

若模型已进行了绝对定向处理，则从模型量测的数字化成果可纳入到大地坐标中。若模型已进行了绝对定向和自动影像匹配处理，则进入测图模块后可以使用自动拟合地面高程的功能。

2. 库文件

安装 MapMatrix 系统时，已将其安装在安装目录下的 config 文件夹中，主要包括：制图符号库、矢量字库等。

3. 数据文件的引入

可向测图矢量文件中直接引入以下数据文件：GDB 文件；FDB 文件；XML 文件；军标格式的矢量文件；DXF 格式的矢量文件；shp 文件；文本格式控制点文件；Eps 文件；e00 数据文件；VirtuoZo Vector Text 文件。

8.3.2 测图主要作业流程

1. 进入测图模块

在 MapMatrix 主界面中新建 DLG，数字化进入 FeatureOne 模块。新建或打开测图文件（.fdb）。

2. 装载立体模型或正射影像

新建或打开了一个矢量窗口后，可装载相应的立体模型或正射影像。单击装载—立体模型菜单项，在弹出的对话框中选择需要载入的立体模型，确认后，系统即在 FeatureOne 界面中打开一个窗口显示立体模型或正射影像。

3. 提取矢量信息

激活立体模型或正射影像窗口，单击工具栏图标，在弹出的对话框中选择相应的地物符号，然后按下工具栏图标，移动测标至相应的地物处，切准该地物轮廓上某一点的高程，然后单击（或踏下左脚踏开关）确定该点的点位，依次采集完该地物轮廓上的节点后，单击（或踏下右脚踏开关）确认，即记录了该地物，同时，矢量窗口中会显示该地物的矢量化符号。

4. 编辑地物

激活立体模型或正射影像窗口，按下工具栏图标，移动测标至需要编辑的矢量地物处，单击（或踏下左脚踏开关）选中该地物，然后再次单击（或踏下左脚踏开关）选择该地物轮廓上的某点，即可对该点进行编辑。

5. 导出矢量文件

编辑完成后，可将该矢量信息导出为其他格式（如：DXF 格式或 ASCII 码纯文本形式）。退出测图模块。

8.3.3 调用测图模块

（1）新建 DLG 矢量文件。在 MapMatrix 主界面中 DLG 节点上，点击右键，新建 DLG，如图 8-2 所示。

在出现的对话框中输入测图名称，如图 8-3 所示。

注：一般测图名称最好是涵盖所选模型，比如说此次所选数据用到的模型为 20001-20002；20002-20003；10001-10002；10002-10003，那么我们就可以取名为 10001-20003 或 10003-20003-177，另外如果所选模型是标准图块，则可以不用模型的代号直接用图块的编号。这样主要是为了方便后面的接边与编辑。

（2）在新建的 DLG 节点上右键选择加入立体像对，如图 8-4 所示。

在图 8-5 所示的对话框中选择所需要的立体像对，得到如图 8-6 所示像对列表。

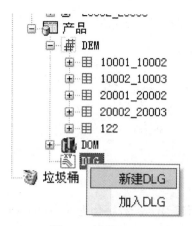

图 8-2　新建 DLG

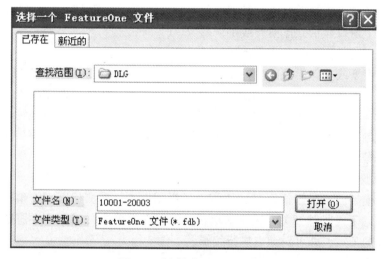

图 8-3　创建 FeatureOne 文件

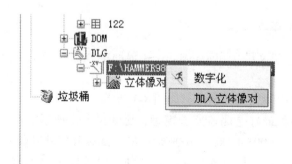

图 8-4　加入立体像对

图 8-5 选择所需要的立体像对　　　　　　　图 8-6 像对列表

（3）在新建 DLG 节点上点击数字化就可以进入测图模块，如图 8-7 所示。

图 8-7

数字化进入测图之后，因为刚刚是新建的 DLG，程序会提醒设置工作区属性，如图 8-8 所示。

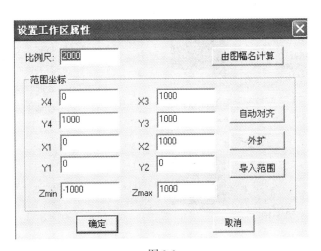

图 8-8

注：在地图比例尺文本框设置相应的成图比例尺。一般只需要修改比例尺，其他的都用系统默认；当然用户也可以根据实际情况自定义修改。

确定之后测图模块界面如图 8-9 所示。

（4）装载立体模型或正射影像。打开了矢量窗口后，在工程窗口中选择 DLG 节点下

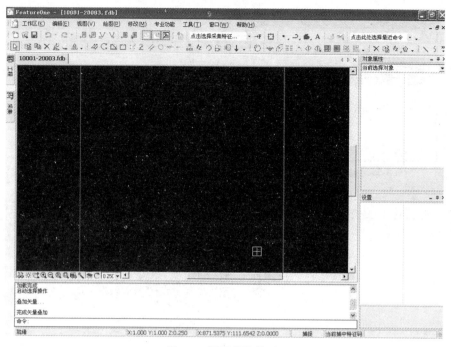

图 8-9　测图模块界面

选择一个立体模型右键（图 8-10），或者如图 8-11 所示打开。

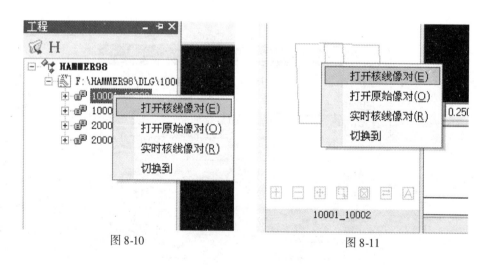

图 8-10　　　　　　　　　　　　　　　图 8-11

选择打开类型确认，系统即在 FeatureOne 界面中打开一个窗口显示立体模型，如图 8-12 所示。

8.3.4　测图设置

进入了测图界面后，可以根据自己的作业习惯对测图的界面布局进行适当调整，对工作环境和测图的一些参数进行设置，更方便快捷地进行测图作业。

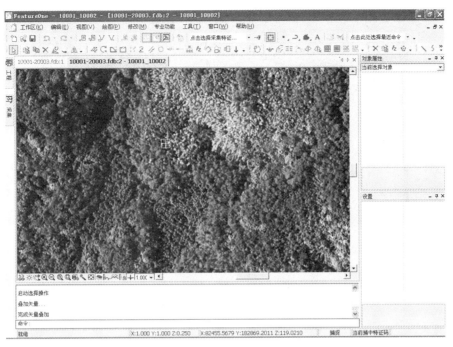

图 8-12　立体模型显示

1. 自定义界面风格

选择工具菜单下的"自定义（Y）…"命令，系统弹出如图 8-13 所示的自定义对话框。

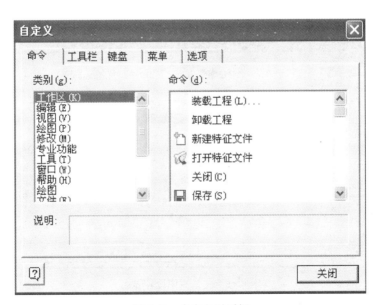

图 8-13　自定义对话框

在该对话框中，可以根据自己的操作习惯对界面进行重新设置排布。在该对话框中包括"命令"选项、"工具栏"选项、"键盘"选项、"菜单"选项以及"选项"设置。

2. 选项设置

选择工具菜单下的"选项"命令，系统弹出选项设置对话框，如图 8-14 所示。

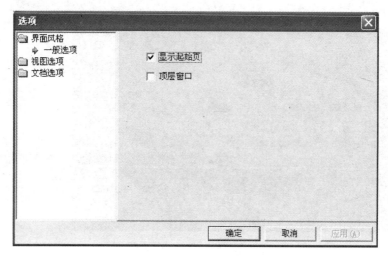

图 8-14　选项设置对话框

1）界面风格

可以在此界面中进行界面风格的设置。在界面风格下的一般选项中，可以选择是否显示起始页和设定是否将矢量窗口置顶两个选项。

2）视图选项

单击如图 8-15 所示界面中单击"视图"选项，显示"矢量视图"设置界面。

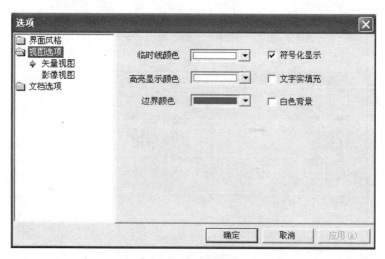

图 8-15　矢量视图设置界面

其中视图选项下有两个选项："矢量视图"选项和"影像视图"选项。

在"矢量视图"界面中（图 8-16（a）），可以设置绘图线的颜色、高亮显示颜色、边界颜色以及是否符号化显示，文字实填充否，矢量界面背景是否白色显示。

118

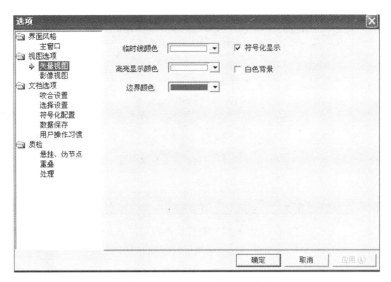

图 8-16 (a) 矢量视图界面

在"影像视图"界面中（图 8-16 (b)），可以选择是否双屏显示。是否开启越界警报功能。开启越界警报功能后，在立体显示窗口中当您的编辑超出边界后，扬声器会发出"嘀嘀……"的警报声。还可以设置影像窗口中的绘图线颜色和高亮显示颜色。默认勾取符号化显示，便于识别矢量。ADS40 矢量叠加优化及三维鼠标测流线时禁用鼠标都默认勾选。支持旋转和拉伸主要针对卫星影像数据。

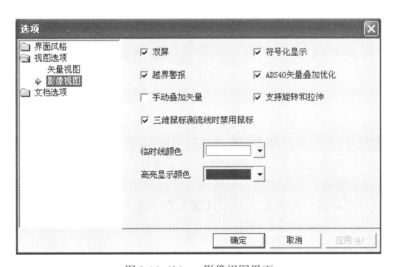

图 8-16 (b) 影像视图界面

3）文档选项

单击图 8-14 中的文档选项，显示"咬合设置"界面，如图 8-17 所示。

其中文档选项包含五个子选项：咬合设置、选择设置、配置信息设置、保存、用户。在"咬合设置"界面中，可以对咬合的关键点、最近点、中点、垂点、相交点、中心点

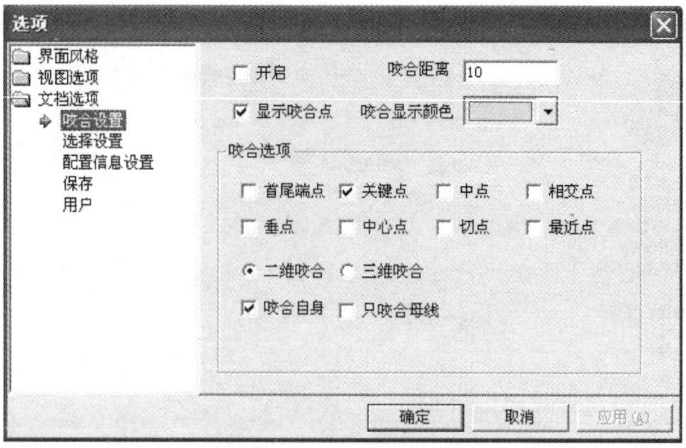

图 8-17　咬合设置界面

和切点进行选择。也可以对二维咬合、三维咬合，咬合自身，只咬合母线以及是否开启咬合功能进行设置。并且可以在咬合距离文本框中输入咬合距离。

注意：选择状态栏区域捕捉菜单下的"设置..."命令也可以打开该设置对话框。

在"选择设置"界面中，如图 8-18 所示，可以拖动滑块设置拾取框的大小。在地物选择状态下，所选择的地物必须在拾取框的范围内才可以被选中。因此，拾取框越小，选择的精度越高，有利于在地物密集的状态下精确选择某个地物。

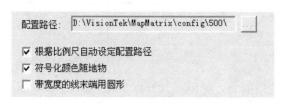

图 8-18　拾取框大小设置

在"配置信息设置"界面中，如图 8-19 所示，可以配置符号库路径，选中"根据比例尺自动设定配置路径"，则符号库的配置路径将根据所设置的比例尺自动设置（默认勾选）。选中"符号化颜色随地物"则所添加的符号将与地物颜色一致（默认勾选）。勾选"带宽度的线末端用圆形"选项会使带宽度线形的外观显得比较圆润，不是有棱有角的样子。注意：勾选该选项后，要单击"辅助功能"菜单下的"更新地物符号"选项，该设置才生效显示。

配置路径：　D:\VisionTek\MapMatrix\config\500\　　　..

☑ 根据比例尺自动设定配置路径
☑ 符号化颜色随地物
☐ 带宽度的线末端用圆形

图 8-19　配置信息设置

120

在"保存"界面里，如图8-20所示，设置自动保存时间。在"用户"界面里，如图8-21所示，设置采集/编辑切换的快捷方式。

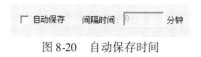

图8-20　自动保存时间　　　　　　图8-21　采集/编辑切换

4）输入设备设置

选择工具菜单下的"输入设备"命令，会弹出设备设置对话框，如图8-22所示。其设备类型包括：键盘、三维鼠标（IBox）、手轮脚盘（Mexican）、手轮脚盘（MapMatrix）、三维鼠标（Puck3D）和手轮脚盘（总参）。选择其中的一项，例如选择三维鼠标（IBox）项，点击"设备激活"按钮，则界面显示如图8-23所示。

注：设备激活后，该状态即被保留，当下次程序启动的时候，程序会自动检查该设备是否存在，如果该设备不存在，此时会弹出一个错误诊断对话框，提示连接设备出错。要消除此状态，只需在图8-23所示对话框中，点击下方的"设备停用"按钮，该设备即被停用。或者点击"工具"菜单下的"设备停用"选项。

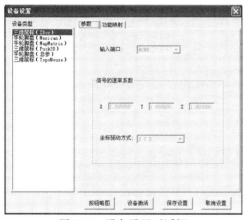

图8-22　设备设置对话框

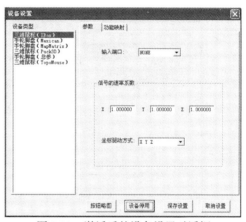

图8-23　激活后的设备设置对话框

点击输入端口右边的下拉按钮■，在下拉框中选择输入端口。图中，X、Y及Z后的文本框中的数字为硬件输入信号的速率系数，即手轮或鼠标的位移与图中影像位移的比例，数字越小影像刷新越慢。

注：在测图的过程中可以利用快捷键来更改硬件设备的输入速率：

F9——设备控制平面位移灵敏度乘双倍

F10——设备控制平面位移灵敏度除以双倍

Ctrl+F9——设备控制高程位移灵敏度乘双倍

Ctrl+F10——设备控制高程位移灵敏度除以双倍

坐标驱动方式，指的是手轮脚盘的左右下三键与影像坐标XYZ的对应关系，点击坐标驱动方式右边的■，在下拉菜单中选择不同的坐标驱动方式。

点击该界面图下方的"按钮略图"按钮，将弹出设备的按钮略图，如图8-24所示。

注：目前只有三维鼠标（IBox）有相应的按钮略图。

点击图 8-24 上方的"功能映射"选项卡切换到功能映射界面，显示如图 8-25 所示，该项功能具体操作暂缺。

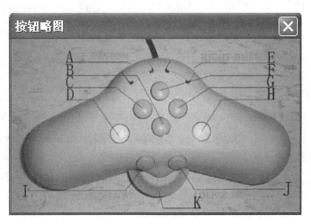

图 8-24　设备按钮略图

图 8-25　设备设置对话框

提示：对于手轮脚盘设备，若想调整脚踏的左右踏板功能，可以在功能映射列表里选择"输入设备左（右）键"，然后在"按键列表"中选择"右（左）键"，然后点击"功能设定"。

另外，在具体实验中，要注意到以下几个问题：

（1）当前工作窗口。当前工作窗口是指用户可以在该窗口中进行作业操作的窗口，它是针对 Featureone 界面中的影像窗口和矢量图形窗口而言的。在某工作窗内单击，则该窗口将被激活，成为当前工作窗口。如图 8-26 所示的立体模型显示窗口即为当前窗口。

图 8-26　当前工作窗口

这里需要注意的是，当前窗口为矢量文件窗口时的菜单栏的菜单项和当前窗口为立体模型时是不一样的。用户可以查看比较它们之间的异同。

（2）测图界面布局。可改变各窗口的大小和位置，形成使用方便的界面布局。在当前窗口的标题栏中按下鼠标左键，可拖动该窗口。

在菜单栏单击窗口，选择一个菜单项（如：层叠、纵向排列、横向排列和平铺等），IGS 界面中的各子窗口将自动进行排列。

（3）立体模型和矢量图的移动。可通过拖动模型或矢量图窗口边缘的滚动条来移动模型或矢量图，也可以通过工具栏的移动图标 或缩放图标 来进行移动和缩放。

（4）层控制。在 Featureone 中，不同的地物分别属于不同的层，每一层都有一个特征码。我们可以通过层控制对话框分层管理量测所得的地物。打开层控制的方法是：在菜单栏单击工具/层控制菜单项或单击工具栏图标 ，系统弹出层控制对话框，如图 8-27 所示。

层管理器打开时，All used Levels 项被默认选中，层列表中显示的是矢量文件中有矢量数据的所有层码项。

All Layers 项被选中时，层列表项中显示矢量文件所用符号库的所有层码项及使用过的层码项。

层列表右键菜单如图 8-28 所示。

图 8-27　层管理器

图 8-28　层列表右键菜单

选择"新建层"命令，在 All Layers 项列表中可看到新增的层码项，层名可编辑，如图 8-29 所示。

选择"删除空层"命令，可删除没有矢量数据的非本地层的层码项。该命令在 All Layers 项对应的列表中操作。

选择"删除层地物"命令，可删除选择层码项的所有矢量数据。

选择"剪切层地物"命令，再选择"粘贴层地物"或者"粘贴层地物并按新层重设对象"命令，可实现层转换操作。

选择"显示顺序置为顶层"命令，可将选择的层码项在层列表中最后行显示。

选择"显示顺序置为底层"命令，可将选择的层码项在层列表中首行显示。

选择"显示顺序移动"命令，可移动选择的层码项，再选择另一个层码项后选择"显示顺序插入"命令，可将移动项插入到另一个层码前显示。

选择"全选"命令，所有层码项被选中，此时在显示，或者锁定，或者符号化字段

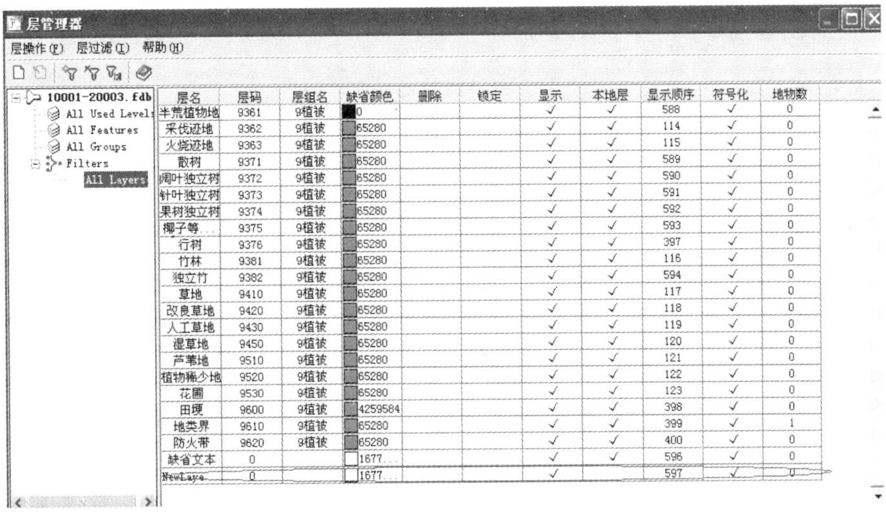

图 8-29　层编辑

下任意列表项处单击左键，被选择项在全选或全不选状态。

选择"设为当前层"命令，退出层管理器后，绘制线时的特征码就是设置的当前层码。单击层控制选择对话框中左边列表中的某一行，该行将显示为灰色，即该地物层被选中，然后单击对话框右边的层操作按钮，可对该地物层进行相应的编辑。对层的编辑主要有锁定和解锁、冻结和解冻、设置颜色、层转换、删除层等操作。如图 8-30 所示。

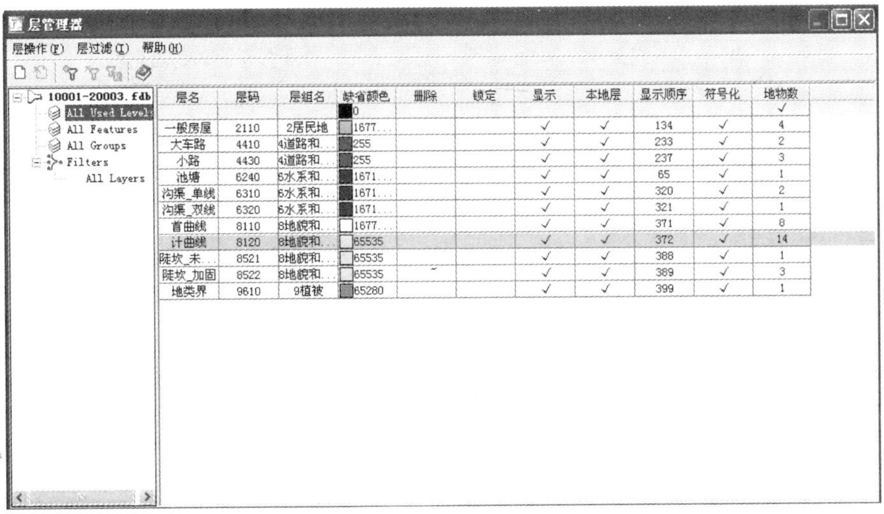

图 8-30　层管理器

5）模式设置

模式菜单只有当立体模型窗口或矢量窗口被激活时才出现。包括显示立体影像、人工调整高程、漫游、精密放大和中心测标方式等菜单项，如图 8-31 所示。

🛠️：刷新影像

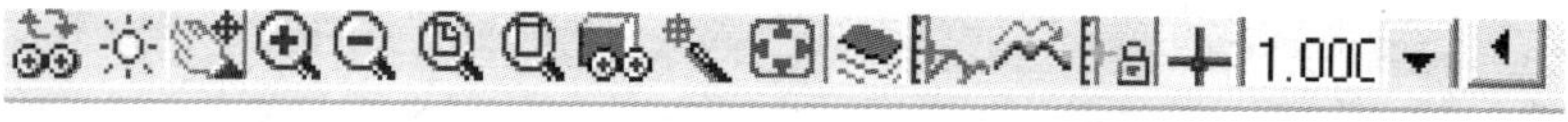

图 8-31 立体模型窗口模式菜单

☼: 视觉调整（图 8-32）

🖐: 鼠标漫游，可按住鼠标中键拖动影像

🔍⊕: 影像放大

🔍⊖: 影像缩小

🔍: 全局显示

🔍: 拉框放大

🚚: 单击显示立体影像菜单项，可打开或关闭显示立体影像选项。（图 8-33）

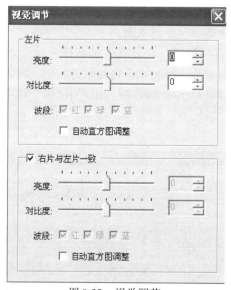

图 8-32 视觉调节

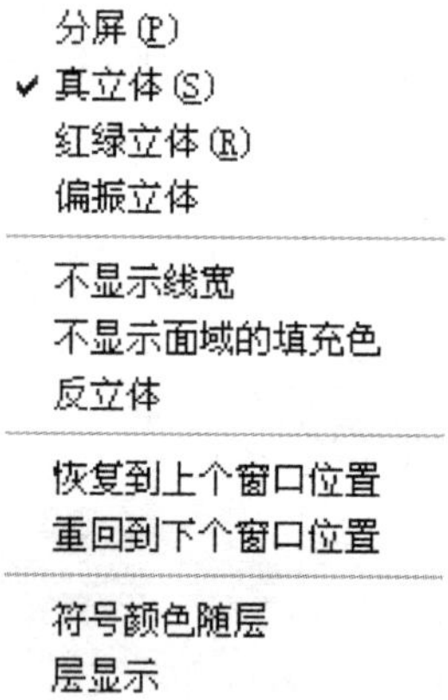

分屏(P)
✓ 真立体(S)
红绿立体(R)
偏振立体

不显示线宽
不显示面域的填充色
反立体

恢复到上个窗口位置
重回到下个窗口位置

符号颜色随层
层显示

图 8-33 立体影像显示选项

当左右影像的视差过大时，不便于立体观测，可使用组合键 Shift+→ 和 Shift+← 对左右影像的视差进行调整，直至达到最佳的立体观测效果。在分屏和立体显示方式下均可使用该方法调整影像视差。

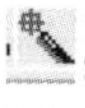

🖋: 测标设置（图 8-34）

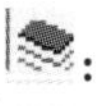

📚: 显示矢量

〰: 高程模式/视差模式。我们可在这两种模式之间进行切换，按下时为高程调整模式，弹起时为视差调整模式

〰: 自动手工方式或者人工方式

在数据采集时，可通过调整测标获取地面高程。测标有左右两个，分别显示于左右影

126

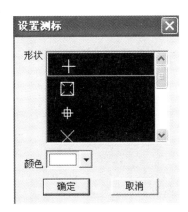

图 8-34　设置测标窗口

像上。系统提供了两种方式调整测标：自动方式和人工方式。

①自动调整：测标在地物上自动解算高程（根据模型的 DEM），此时，测标可随地面起伏自动调整，实时切准地表。

②人工调整：在影像窗口中，使用鼠标中键调整测标使之切准地面。若用手轮脚盘，还可转动脚盘调整测标。

🔓：锁定高程，此模式下高程是固定不变的

注：只有在当测标调整模式为高程调整模式，方可启动高程锁定功能。

╋：共享测标

1.000 ▼：影像精密放大倍数列表（图 8-35）

图 8-35　影像放大倍数列表

矢量窗口模式菜单如图 8-36 所示。

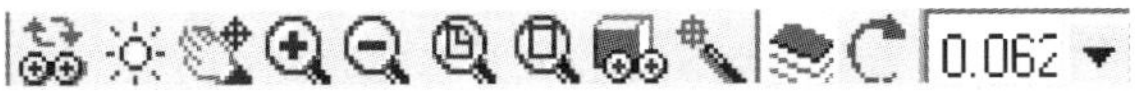

图 8-36　矢量窗口模式菜单

🐛：刷新影像

☀：视觉调整

🖱：鼠标漫游，可按住鼠标中键随意拖动影像

127

⊕：影像放大

⊖：影像缩小

▣：全局显示

▣：拉框放大

🚚：单击显示立体影像菜单项，可打开或关闭显示立体影像选项

✎：测标设置

◈：显示矢量

|1.00 ▼|：影像精密放大倍数列表

6）鼠标与手轮脚盘

在 Featureone 中进行量测时，可按如下方式使用鼠标或手轮脚盘（鼠标与手轮脚盘可由系统自动切换，不需人工干预）：

①鼠标左键：在量测过程中，用于确认点位。单击鼠标左键，即记录了某点的坐标数据。

②鼠标中键：在量测过程中，用于调整测标的高程（或称测标的左右视差）。

③鼠标右键：在量测操作过程中，用于结束当前操作。在量测状态下，鼠标右键用于量测和编辑两种状态的切换。

④手轮脚盘：两个手轮用于控制 X、Y 方向的影像移动，可在设备设置对话框中设置移动步距。脚盘相当于鼠标的中键，用来调整测标的高程。

⑤脚踏开关：左右开关分别相当于鼠标左右键（左开关为开始，右开关为结束）。

8.3.5 地物量测

当我们进行了上一节的一些必要的测图设置后，就可以进行地物量测工作了。测图工作主要包括地物量测、地物编辑和文字注记等。

在数字测图系统中，地物量测就是对目标进行数据采集，获得目标的三维坐标 X、Y、Z 的过程。在 Featureone 中，系统将实时记录测图的结果，并将之保存在测图文件 .xyz 中。量测地物的基本步骤如下：

- 输入或选择地物特征码
- 进入量测状态
- 根据需要选择线型或辅助测图功能
- 根据需要启动或关闭地物咬合功能
- 对地物进行量测

1. 输入地物特征码

每种地物都有各自的标准测图符号，而每种测图符号都对应一个地物特征码。数字化量测地物时，首先要输入待测地物的特征码。输入特征码的方法有两种：

（1）直接输入特征码：如果我们已经熟记了某种地物的特征码，可以在状态栏的特征码显示框中输入待测地物的特征码，如图 8-37 所示。

（2）选择地物：在特征码选择面板直接选择地物，系统自动输入该地物特征码。方法是：在工具栏单击符号表按钮，系统打开特征码选择面板，如图 8-38 所示。

| 图 8-37 直接输入特征码 | 图 8-38 选择特征地物 |

图 8-39 显示的最近使用过的符号列表。选择特征码时，先在选择面板单击，选择一个地物类别；然后在右边出现的具体地物列中单击，选择一个相应的地物即可。

图 8-39 最近使用的符号列表

2. 进入量测状态

有两种方式可以进入量测状态：一是在特征采集窗口输入地物特征代码或者双击地物名称，二是在模型窗口单击鼠标右键切换编辑/量测状态。图 8-40 所示为量测状态，图 8-41 所示为编辑状态。

图 8-40　量测状态

图 8-41　编辑状态

3. 选择线型

地物特征码选定后，可进行线型选择和辅助测图功能的选择。

Featureone 根据符号的形状，将之分为五种类型（统称为线型），它们是点、样条、曲线、三点弧、圆弧、流曲线等。选择了一种地物特征码以后，系统会自动将该特征码所对应符号的线型设置为缺省线型（定义符号时已确定），表现为绘制工具栏中相应的线型图标处于按下状态，同时该符号可以采用的线型的图标被激活（定义符号时已确定）。在量测前，我们可选择其中任意一种线型开始量测，在量测过程中用户还可以通过使用快捷键切换来改变线型，以便使用各种线型的符号来表示一个地物。

4. 量测

地物量测在影像窗口中进行。请通过立体眼镜（或反光立体镜）对需量测的地物进行观测，用鼠标或手轮脚盘移动影像并调整测标；切准某点后，单击鼠标左键或踩左脚踏开关记录当前点；单击鼠标右键或踩下右脚踏开关结束量测；在量测过程中，可随时选择其他的线型或辅助测图功能；在量测过程中，可随时按 Esc 键取消当前的测图命令等；如果量错了某点，可以按键盘上的 BackSpace 键，删除该点，并将前一点作为当前点。

8.3.6　量测方式的选择

我们要根据不同的地物类型和量测环境，选择最佳的量测方式进行地物量测。以下为几种不同线型的量测。

1. 单点

单击点图标或踩下左脚踏开关记录单点。如图 8-42 所示，以下符号采用单点量测方式。

2. 单线

折线：单击折线图标或踩下左脚踏开关，可依次记录每个节点，单击鼠标右键或右脚踏开关，结束当前折线的量测。当折线符号一侧有短齿线等附加线划时，应注意量测方

图 8-42　单点量测符号

向，一般附加线划沿量测前进方向绘于折线的右侧。如图 8-43 所示，这些符号使用折线线型进行量测。

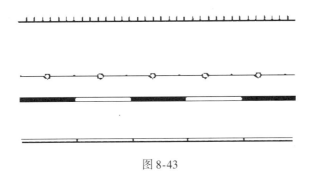

图 8-43

曲线：单击曲线图标或踩下左脚踏开关，可依次记录每个曲率变化点，单击鼠标右键或踩下右脚踏开关，结束当前曲线的量测。

手画线：单击手画线图标或踩下左脚踏开关记录起点，用手轮脚盘跟踪地物量测，最后踩下右脚踏开关记录终点。

3. 平行线

固定宽度平行线：对于具有固定宽度的地物，量测完地物一侧的基线（单线），然后单击右键，系统根据该符号的固有宽度，自动完成另一侧的量测。如图 8-44 所示。

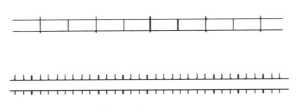

图 8-44

自定义宽度平行线：有的符号需要人工量测地物的平行宽度，即首先量测地物一侧的基线（单线量测），然后在地物另一侧上任意量测一点（单点量测），即可确定平行线宽度，系统根据此宽度自动绘出平行线。

4. 底线

对于有底线的地物（如：斜坡），需要量测底线来确定地物的范围。首先量测基线，然后量测底线（一般绘于基线量测方向的左侧）。如图 8-45 所示。在量测底线前，可选隐藏线型量测，底线将不会显示出来。

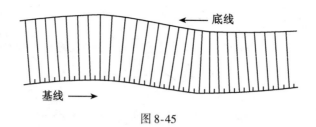

图 8-45

5. 圆

单击圆图标，然后在圆上量测三个单点，单击鼠标右键结束。如图 8-46 所示，量测 P_0、P_1 和 P_2 三个点，即可确定圆 O。

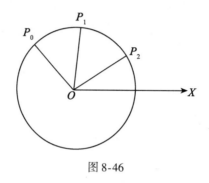

图 8-46

6. 圆弧

单击圆弧图标，然后按顺序量测圆弧的起点、圆弧上的一点和圆弧的终点，单击鼠标右键结束。

7. 多种线型组合量测

对于多线型组合而成的地物图形，在量测过程中应根据地物形状的变化，分别选择合适的线型进行量测。下面举例说明如何进行多线型组合量测地物，图 8-47 就是一个圆弧与折线组合的例子。

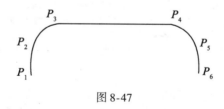

图 8-47

该图形是由弧线段 P_1P_3、折线段 P_3P_4 和弧线段 P_4P_6 组成的，其中，点 P_1、P_2、P_3、P_4、P_5 和 P_6 需要进行量测。具体量测步骤为：首先在绘图工具栏上单击圆弧图标，量测点 P_1、P_2 和 P_3；再单击折线图标，量测点 P_4；再单击圆弧图标，量测点 P_5 和 P_6；最后单击鼠标右键结束，完成整个地物的测量。

8. 高程锁定量测

有些地物的量测，需要在同一高程面上进行（如：等高线等）。这时可用高程锁定的功能，将高程锁定在某一固定 Z 值上，即测标只在同一高程的平面上移动。具体操作如下：

①单击状态栏上的坐标显示文本框，系统弹出设置曲线坐标对话框，如图 8-48 所示，在 Z 文本框中输入某一高程值，单击确定按钮。

图 8-48

②启动高程锁定功能：按下状态栏上锁定按钮。

③量测地物。

需要注意的是：只有当测标调整模式为高程调整模式（单击模式/人工调整高程菜单项，使之处于选中状态）时，方可启动高程锁定功能。

9. 道路量测

按一下键盘上的 F2，在弹出的对话框中选择道路的特征码。选择道路图标，进入量测状态，我们可根据实际情况选择线型，如：样条曲线和手画线等，即可进行道路的量测。

1）双线道路的半自动量测

在右边菜单栏的如果不勾选鼠标定义宽度则在沿着道路的某一边量测完后，单击鼠标右键或脚踏右开关结束，然后再在右边菜单栏输入道路宽度，如果勾选了则可直接将测标移动到道路的另一边上，然后单击鼠标左键或脚踏左开关，系统会自动计算路宽，并在路的另一边显示出平行线。

2）单线道路的量测

沿着道路中线测完后，单击鼠标右键或踩下右脚踏开关结束，即可显示该道路。

10. 等高线采集

1）大比例尺的等高线采集

大比例尺测图时，一般对采集等高线的精度要求较高，且一个模型范围内的等高线数量，比小比例尺影像数据要少一些。对于大比例尺测图，特别是城区和平坦地区，等高线的测绘可直接在立体测图中全手工采集。具体采集方法如下：

（1）选择等高线特征码：按下 F2 键，在弹出的对话框中选择等高线符号。

（2）激活立体模型显示窗：单击模式/人工调整菜单项。

（3）设定高程步距：单击修改/高程步距菜单项，在弹出的对话框中输入相应的高程步距（单位：米），按下键盘的 Enter 键确认。

（4）输入等高线高程值：单击状态栏中的坐标显示文本框，在弹出的对话框中输入需要编辑的等高线高程值，按 Enter 键确认。

（5）启动高程锁定功能：按下状态栏中的锁定按钮。

（6）进入量测状态：鼠标左键或踩下右脚踏开关在编辑状态和量测状态之间切换。

（7）切准模型点：在立体显示方式下，驱动手轮至某一点处，并使测标切准立体模型表面（即该点高程与设定值相等），踩下左脚踏开关，沿着该高程值移动手轮，开始人工跟踪描绘等高线，直至将一根连续的等高线采集结束，此时，踩下右脚踏开关结束量测。注意：该过程中应一直保持测标切准立体模型的表面。

（8）如果要量测另一条等高线，可按下键盘上的 Ctrl+↑ 键或 Ctrl+↓ 键，可以看到状态栏中坐标显示文本框中的高程值，会随之增加或减少一个步距。

（9）重复上述步骤可依次量测所有的等高线。

2）等高线修测

等高线修测的基本操作步骤如下：

（1）按下 F2 键，在弹出的对话框中选择等高线符号。

（2）激活立体模型显示窗，单击模式/人工调整菜单项。

（3）单击 Featureone 窗口状态栏中的坐标显示文本框，在弹出的对话框中键入需要编辑的等高线的高程值，按 Enter 键确认。

（4）按下状态栏中的锁定按钮。

（5）鼠标左键或右脚踏开关，进入量测状态，然后按下等高线修测图标 。

（6）对某段叠合不好的等高线，可在切准后重新量测这一段等高线，量测完成后，踩右脚踏开关结束量测。

（7）移动手轮至需要删除的等高线段上，踩左脚踏开关，即可删除该段等高线。

（8）重复以上步骤（3）、（5）、（6）、（7）可对其他等高线线段进行修测处理。

在等高线修测过程中，应使用捕捉咬合功能，使正在修测部分的等高线与其邻接部分衔接光滑自然。

3）等高线高程注记

等高线上的高程注记，一般是注记在计曲线上，注记的方向和位置均有规定标准。

在特征代码栏输入高程注记，然后在地物名称上按右键，如图 8-49 所示。

点击之后出现如图 8-50 所示窗口，然后就可以根据自己需要来进行设置和修改。

11. 房屋量测

按下 F2 键，在弹出的对话框中选择房屋的特征码，用户可根据实际情况选择不同的线型来测量不同形状的房屋。一次只能选择一种线型（按下其中一种线型图标后，其他的线型图标将自动弹起）。用户也可根据实际情况选择是否启动自动直角化功能和自动闭合功能（按下图标为启动，否则为关闭）。激活立体影像显示窗口，鼠标左键，即可开始测量房屋。

1）平顶直角房屋的量测

评定直角房屋的量测方式有鼠标测图和手轮脚盘测图两种方式。量测步骤分别如下：

（1）鼠标测图：

①移动鼠标至房屋某顶点处，按住键盘上的 Shift 键不放，左右移动鼠标，切准该点高程，松开 Shift 键。

②单击鼠标左键，即采集了第一点。

③沿房屋的某边移动鼠标至第二、第三两个顶点，单击鼠标左键采集第二、三点。

图 8-49

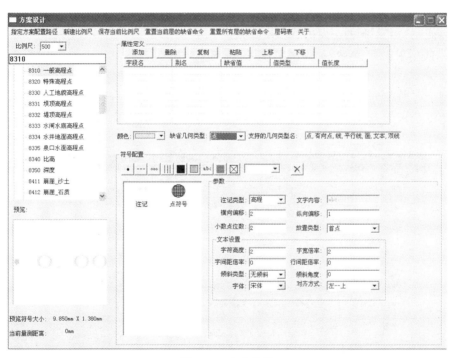

图 8-50　方案设计

④单击鼠标右键结束该房屋的量测，程序会自动作直角化和闭合处理。

（2）手轮脚盘测图：

①移动手轮脚盘至房屋某顶点处，旋转脚盘切准该点高程，然后踩左脚踏开关，即记录下第一点。

②沿房屋的某边移动手轮至第二、第三两个顶点，踩左脚踏开关采集第二、三点。

③踩右脚踏开关，结束该房屋的量测，程序会自动作直角化和闭合处理。

2）人字形房屋的量测

人字形房屋也可以用鼠标和手轮脚盘两种方式测图。步骤如下：

（1）鼠标测图：

①移动鼠标至该房屋某顶点处，按住键盘 Shift 键不放，左右移动鼠标，切准该点的高程，然后松开 Shift 键。

②单击鼠标左键，即采集第一点。

③沿着屋脊方向移动测标使之对准第二个顶点，单击鼠标左键采集第二点。

④沿着垂直屋脊方向移动测标使之对准第三个顶点，单击鼠标左键采集第三点。

⑤然后单击鼠标右键结束，程序会自动匹配当前房屋的其他角点及屋脊线上的点。

（2）手轮脚盘测图：

①移动手轮脚盘至房屋某顶点处，旋转脚盘切准该点高程，然后踩下左脚踏开关，即记录下第一点。

②沿着屋脊方向移动测标使之对准第二个顶点，踩下左脚踏开关，记录下第二个点。

③沿着垂直屋脊方向移动测标使之对准第三个顶点，踩下左脚踏开关，记录下第三个点。

④然后踩下右脚踏开关结束，程序会自动匹配当前房屋的其他角点及屋脊线上的点。

3）共墙面但高度不同的房屋的量测

共墙面但高度不同的房屋的量测步骤为：

（1）使用手轮脚盘或鼠标量测出较高的房屋。

（2）单击"工具"→"选项"菜单项，在弹出的对话框中选择"咬合设置"属性页，选择"二维咬合"选项，在选中设置栏中选择"最近点"选项，还可根据需要设置咬合的范围及是否显示咬合的范围边框，如图8-51所示。设置完后，单击确定按钮。

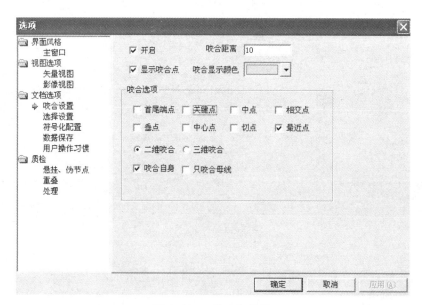

图 8-51　二维咬合设置

（3）然后，再量测比较矮的房屋。

8.3.7 地物编辑

地物编辑，是对已量测的地物进行修测或修改等操作，在影像窗口或矢量图形窗口中都可进行。系统将实时记录编辑后的数据，并实时显示编辑后的图形。系统的编辑工具栏如图 8-52 所示。

图 8-52 编辑工具栏

由左至右的按钮图标功能为：移动地物、复制并粘贴地物、删除地物、打断地物、对象旋转、带旋转的复制、镜像、地物反转、地物闭合、地物直角化、打断、修改交叉口、连接、平行线打散、线串化、修剪、延长、格式刷、修改高程、线串压缩、平行移动、适量裁剪、移到本图层、带容差闭合、曲线修测、曲线内插、批量连接、曲线光滑、构建三角网、删除三角网、生成 DEM、局部构建 DEM、卸载 DEM、保存 DEM、删除 Lidar 数据、移动 Lidar 数据、设置 Lidar 高程、量测点内插高程。

地物编辑的主要步骤如下：

- 进入编辑状态
- 选择将要编辑的某个地物或其节点
- 选择所需的编辑命令
- 进行修测或修改

1. 进入编辑状态

有两种方式可进入编辑状态：

方式一：脚踏左右键，可在量测状态和编辑状态之间切换。

方式二：单击鼠标右键，可在量测状态和编辑状态之间切换。

2. 选择地物或其节点

进入编辑状态后，可选择将要编辑的地物或该地物上的某个节点。

选择地物：将光标置于要选择的地物上，单击该地物。地物被选中后，该地物上的所有节点都将显示为蓝色小方框。

选择节点：选中地物后，在其某个节点的蓝色小方框上单击，则该点被选中。

在选择节点时，若打开了咬合功能，则所设置的咬合半径不能过大，以免当节点过密时，选错点位。

选择多个地物：在编辑状态下，可用鼠标左键拉框，选择框内的所有地物。

取消当前选择：在没有选择节点的情况下，单击鼠标右键，可取消当前选择的地物，蓝色小方框将消失。

3. 编辑命令的使用

在对某个地物进行编辑之前，必须选中它，才能调用编辑命令。用户可使用以下两种方式调用编辑命令：

- 使用编辑工具条图标或修改菜单：用于编辑当前地物
- 快捷键：直接按键盘上某些键和鼠标左键等即可对当前地物或当前节点进行编辑

1）当前地物的编辑

对当前地物的编辑操作主要有移动地物、复制并粘贴地物、删除地物、打断地物、地物反转、地物闭合、地物直角化、改变特征码等操作。

以上的地物编辑命令，还可使用绘制菜单或快捷键执行。此外，工具栏中还有一些其他的编辑工具按钮。

2）当前点的编辑

对当前点的编辑，可直接进行，也可通过系统弹出的右键菜单完成。主要编辑方式有：

（1）移动点：在当前地物的某蓝色标识框上拾取到某点后，可直接拖动测标至某位置，再单击鼠标左键，则当前点被移动。

（2）插入点：在当前地物的两蓝色标识框之间拾取到某点后（关闭咬合功能）。可直接拖动测标至某位置，再双击鼠标左键，则在这两点之间插入了一个点。

3）改变线型

选中某个矢量地物后，在右边菜单栏线型里找到需要的线型，则可将当前地物的线型改为该线型。

8.3.8 文字注记

文字注记的设置和输入必须在注记状态下进行，按下主工具条上的图标 A 进入注记状态，在右边菜单栏文本设置和对象属性里，用户可在其中输入注记的文本内容和相关参数，然后在影像或图形工作窗口内单击，即可在当前位置插入所定义的文本注记，并显示在图形或影像中。如图 8-53 所示。

图 8-53　对象属性

138

1. 注记的参数

单击视图/文本对话框菜单项或按下主工具条上的图标 T，系统弹出注记对话框，如图 8-54 所示，用户可根据需要定义注记参数。

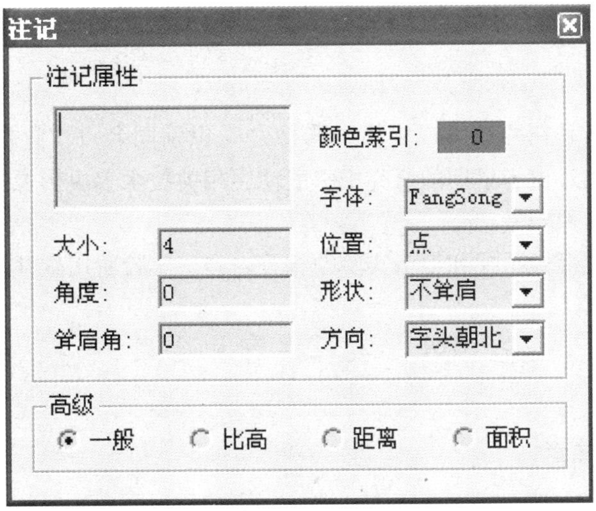

图 8-54

注记属性：即注记文本字符串，包括汉字、英文字母和数字等。用户可使用快捷键或单击任务栏上的图标自由切换到汉字或英文输入状态。

2. 注记的编辑

在编辑状态下，选中要进行编辑的注记后，方可对该注记进行编辑。

修改注记参数：在注记对话框中修改注记参数，即可修改当前注记。

编辑注记位置：可使用常规的插入、删除、重测等编辑命令，对注记点位进行任意修改。

8.4 习　　题

1. 地物特征码在什么时候输入？

2. 大比例尺，特别是在城区和平坦地区，等高线采集一般采用自动生成功能还是进行全手工采集？

3. 等高线的高程注记一般是注记在计曲线上还是注记在首曲线上？

第9章　影像匹配

影像匹配实质上是在两幅（或多幅）影像之间识别同名点，它是计算机视觉及数字摄影测量的核心问题。由于早期的研究中一般使用相关技术解决影像匹配的问题，所以影像匹配常常被称为影像相关。

本章将介绍核线影像匹配和编辑实验的相关内容，实验所用软件为 VirtuoZo。

9.1　实习内容和要求

9.1.1　目的与要求

掌握匹配窗口及间隔的设置，运用匹配模块完成影像匹配。

9.1.2　实习说明

（1）影像匹配是数字摄影测量系统的关键技术，是沿核线一维影像匹配，确定同名点。其过程是全自动化的。

（2）匹配窗口及间隔在模型参数中设置。窗口设置得大，则数据量就小，但损失地形细貌；窗口设置得小，则数据量就大，但能较好表示地貌。因此对平坦地区，窗口可设置大些。

9.2　影像匹配实验

9.2.1　匹配预处理

在匹配之前，可在立体模型中量测部分特征点、特征线和特征面，作为影像自动匹配的控制。系统将量测结果保存为"＊.ppt"文件，下次打开该模型时，系统将自动显示已量测过的特征点、特征线和特征面。

在 VirtuoZo 主界面，单击"处理/匹配预处理"菜单，打开匹配预处理窗口，如图9-1所示。

在匹配预处理窗口，单击"文件/打开模型"菜单，在弹出的打开模型对话框中选择已经进行过定向且需要进行匹配预处理的立体模型文件，然后点击打开，如图9-2所示。

打开模型后，匹配预处理窗口将在左右窗口分别显示模型的左右影像，并加载编辑菜单项和快速工具条，如图9-3所示。

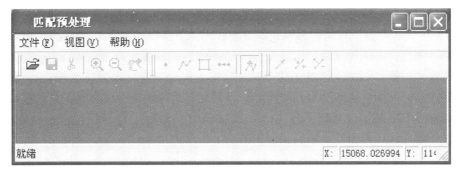

图 9-1　匹配预处理窗口

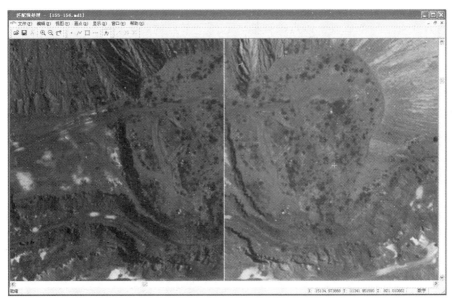

图 9-2　打开模型

图 9-3　加载模型进行编辑

1. 基本操作

单击"显示→立体菜单项"从而可以用红绿眼镜看立体。按键盘上的"F7"或"F8"键，可向右或向左移动右影像，调整影像视差直到获得最佳立体观测效果。系统用十字丝显示测标。有两种方式可以移动右测标，使测标精确切准地面：①按下鼠标中键，同时左右移动鼠标；②按住键盘上的"Shift"键，同时左右移动鼠标。按键盘上的"T"键，打开或关闭测标沿着地面跟踪的功能。打开测标跟踪功能时，测标将自动跟踪地面高程。若测标没有精确切准地面，只需人工稍加调节，即可进行量测。按键盘上的"C"键，可显示或隐藏已量测点上的圆圈标识。

2. 量测特征线

基于立体模型的同名点可由人工进行量测，也可由系统自动匹配进行量测。一般用人工量测方式。按下加线图标，移动鼠标使左测标对准特征线第一个节点处，并使用调整测标视差方法使测标切准地面，单击后即确定了特征线的第一个节点。依次量测该特征线上的其他节点，单击鼠标右键结束该特征线的量测。

3. 编辑操作

只有切换到编辑状态，才能进行编辑操作（按下编辑状态图标或单击鼠标右键，在量测状态与编辑状态之间切换）。编辑中常用到键盘上的三个快捷键："Delete"（删除选中的当前节点）、"Insert"（插入一个节点）和"M"（移动当前节点）。有以下几种编辑操作：

（1）选择节点：在要选择的节点上单击，该节点即被选中，并用红色方框标识出来。

（2）移动节点点位：选择要移动的节点，然后按"M"键并移动鼠标，在新位置单击以移动当前点的点位。

（3）调节节点高程：选择要调节高程的节点，然后按下鼠标中键或按住键盘上的"Shift"键，同时左右移动鼠标即可调节该点高程。

（4）插入节点：选择特征线或特征面上的一个节点，然后按"Insert"键，再用量测特征点的方式量测一个节点，该点即被插入到所选节点的前面。

（5）删除节点：选择要删除的节点，然后按"Delete"键，即可删除该节点。

（6）删除特征地物：选中要删除地物上的任一节点，则此时当前地物的所有其他节点都以蓝色方框标识，单击剪切图标，即可删除该地物。

4. 存盘退出

单击"文件"→"保存"菜单项，将量测结果保存在 *.ppt 文件中。再单击"文件"→"退出"菜单项，退出匹配预处理模块。

9.2.2 自动影像匹配

选择已经采集过核线影像的立体像对，选择右键菜单核线影像匹配，出现影像匹配计算的进程显示窗口，自动进行影像匹配。在输出窗口会显示结果，如图9-4所示。

9.2.3 匹配结果的编辑

编辑的过程如图9-5所示。

1. 进入编辑界面

在 VirtuoZo NT 主菜单中，选择菜单"处理"→"匹配编辑"项，进入匹配结果编辑

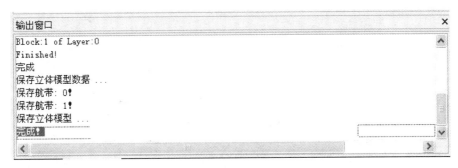

图 9-4　输出窗口

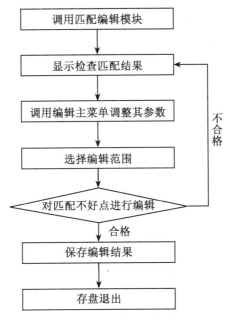

图 9-5　匹配结果编辑流程

界面，如图 9-6 所示。屏幕显示立体影像。

匹配编辑界面被划分为三个窗口：

- 全局视图：显示左核线影像全貌
- 作业编辑放大窗
- 编辑功能窗：显示各编辑功能键

2. 选择显示方式检查匹配结果

将光标移至编辑功能键窗口选择相应的显示按钮，通过下列各按钮来检查立体影像的匹配结果。

- 选择影像按钮为开状态，打开立体影像
- 选择等直线按钮为开状态，打开等视差曲线，检查不可靠的线
- 选择匹配点按钮为开，即打开格网匹配点，其中绿点为好、黄点为较好、红点为差点

143

图 9-6　匹配编辑界面（立体显示）

- 在全局视图窗，将光标移到黄色框上，按住鼠标左键，拖动黄色框至要显示的区域

3. 调用编辑主菜单调整其参数

当显示比例、视差曲线间距等参数需要调整时，调用编辑主菜单调整其参数。在"作业编辑放大窗"，单击鼠标右键，屏幕弹出编辑主菜单。如图 9-7 所示。

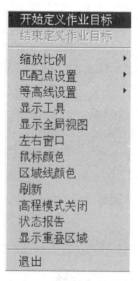

图 9-7　编辑主菜单

- 选择缩放比例行，调整编辑窗口影像显示的比例

- 选择匹配点设置行，调整匹配点显示的大小和颜色
- 选择等高线设置行，调整等视差线的显示颜色和间距等

可经常在主菜单中选择"高程模式关闭"开关，通过来回切换检查匹配结果。

- 高程模式关闭（无'√'）时，屏幕左上方显示当前光标点的 xyz 坐标；
- 高程模式开启（有'√'）时，屏幕左上方显示当前光标点的视差值。

4. 编辑范围的选择

方法一：选择矩形区域

光标移至"作业编辑放大窗"内，按住鼠标左键拖动出一个矩形区域，松开左键即矩形区域中的点变成白色点，即当前区域被选中。

方法二：选择多边形区域

（1）在"作业编辑放大窗"，按鼠标右键弹出编辑主菜单，选择"菜单开始定义作业目标"项。

（2）再用鼠标左键逐个点出多边形节点（圈出所要编辑或处理的区域）。

（3）在编辑主菜单，选择"结束定义作业目标"项，闭合多边形区域，区域中匹配点变成白色，即当前区域被选中。

（4）注意：当你的区域超出"作业编辑放大窗"时，将光标移至显示小窗口，移动黄色矩形，继续选择你所需要的区域，直至沿着要选择的区域边界选中所有的多边形节点，再闭合多边形。

5. 对选中区域编辑运算

1）平滑算法

选择编辑区域后，选择平滑档次（轻、中、重）；再单击平滑算法按钮，即对当前编辑区域进行平滑运算。

2）拟合算法

选择编辑区域后，选择表面类型（曲面、平面）；再单击"拟合算法"按钮，即对当前编辑区域进行拟合运算。

3）匹配点内插

选择编辑区域后，选择"上/下"或"左/右"项；单击"匹配点内插"项，被选区域边缘高程值对内部的点进行上下或左右插值运算。

4）量测点内插

选择多边形区域，单击"量测点内插"项，被量测的区域边缘高程值对内部的点进行插值运算。

6. 特定地物的编辑

1）对河流编辑

因影像中的河流纹理不清晰，常有很多错误的匹配点，用多边形方法沿着河边和水平面边缘圈出一个区域，选择"拟合算法"（平面）按钮。

另一种编辑方法为：在编辑主菜单，选择"高程模式关闭"时，屏幕左上方显示当前光标点为 xyz 坐标。在河流处移动光标，可检查河流及河流四周的高程，寻找一合理高程值，选择"定值平面"按钮，在屏幕提示框输入已知水平面高程值，确认后即可按该高程值拟合为水平面。

2）房屋和建筑物

等高线常常像小山包一样覆盖在建筑物上，圈出这个区域，可用两种方法对其进行编辑：

（1）采用平面拟合算法（平面）消除它；

（2）先采用插值算法，再用平滑算法即可。

3）单独的树或一小簇树

由于匹配点在树表面上，不在地面上，使树表面覆盖了等高线看上去像一个小山包。用选择矩形区域的方法，圈出这个区域，用平滑方式或平面拟合方式处理，将其"小山包"消除掉。

7. 编辑结果及应用

在立体编辑工作完成后，一定要注意保存编辑结果再退出编辑程序，或在退出时要保存。这时系统自动覆盖原<模型名>.plf文件，其结果用于建立 DEM/DTM。

在 VirtuoZo NT 主菜单中，选择"产品"→"生成 DEM"项，建立当前模型的数字地面模型。

注意：当模型的 DEM 生成后，应通过系统显示模块进行 DEM 检查，对于 DEM 中不对处，要再调用'匹配结果的编辑'模块进行检查并修改。

9.3 习　　题

1. 简述相关系数法匹配的基本原理。
2. 简述最小二乘法的原理。
3. 什么是核线影像？
4. 简述核线匹配的原理及其优点。

第 10 章　DEM 生成和拼接

DEM 是摄影测量最终生成的数字产品之一，也是制作正射影像的基础，它在摄影测量成果中占有重要的地位。我国到目前为止，已经建成了覆盖全国范围的 1∶100 万、1∶25 万、1∶5 万数字高程模型，以及七大江河重点防洪区的 1∶1 万 DEM，省级 1∶1 万数字高程模型的建库工作也已全面展开。此外，DEM 在 GIS 中具有非常重要的作用，通过 DEM 能够提取各种地形参数，如坡度、坡向、粗糙度等，并进行通视分析、流域结构生成等应用分析。因此，DEM 在各个领域中应用极为广泛。

DEM 的建立是根据影像匹配的视差数据、定向元素及用于建立 DEM 的参数等，将匹配后的视差格网投影于地面坐标系，生成不规则的格网。然后，进行插值等计算处理，建立规则（矩形）格网的数字高程模型（即 DEM）。其过程是全自动化的。

数字正射影像的制作是基于 DEM 的数据，采用反解法进行数字纠正而制作。其过程也是全自动化的。

本章将重点介绍 DEM 创建的主要流程及 DEM 编辑、拼接和质量检查的内容。

10.1　实习内容和要求

本章的实习内容主要有利用定向结果进行 DEM 的生产和结果的精编辑，包括单模型和多模型 DEM 的生产；多模型 DEM 的拼接和质量检查。主要要求为：

- 熟悉用 Mapmtrix 进行 DEM 生成和编辑的主要操作流程
- 熟悉多模型 DEM 拼接的流程
- 了解 DEM 质量检查的主要内容和质量要求

10.2　DEM 制作

在实验之前，请事先利用示例数据建立四个模型（六幅影像），并完成相对定向和核线重采样过程。

10.2.1　DEM 创建

DEM 的创建，分为单模型和多模型两种方法。

1. 单模型创建

在立体像对节点上单击右键，在菜单里点击"左键→新建 DEM"，如图 10-1 所示。

2. 多模型的创建

多模型的创建有两种方法：

（1）在产品节点上点击右键，在菜单里点击"左键→创建 DEM 产品"，如图 10-2 所示。

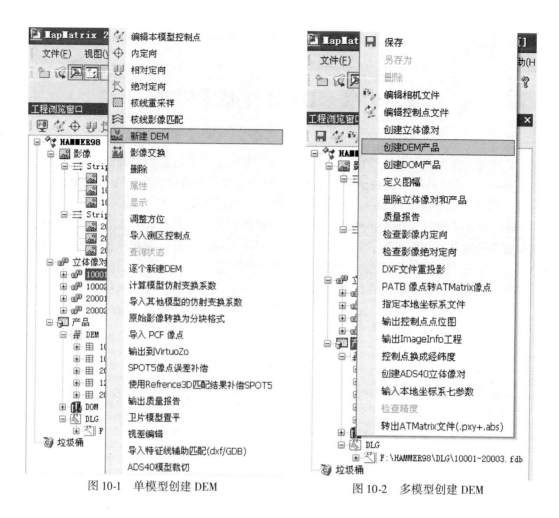

图 10-1　单模型创建 DEM　　　　　　　图 10-2　多模型创建 DEM

（2）在工程节点上点击右键，在菜单里点击"左键"→"创建 DEM 产品"，如图 10-3 所示。

10.2.2　DEM 生成方法

1. DEM 内插方法

DEM 的数据内插就是根据若干相邻参考点（已知点）的高程用数学的方法求出其他待定点上的高程。由于所采集的原始数据排列一般是不规则的，而我们最终要获得规则格网的 DEM，因此内插是必不可少的过程，它贯穿于 DEM 生产、分析应用、质量控制等各个环节。内插的方法很多，如移动曲面拟合法、线性内插法、双线性内插法、多面函数内插法、分块双三次多项式内插法等。

2. DEM 自动生成方法

目前，国内常用的摄影测量软件都有 DEM 自动生成的功能，其基本原理也大致相同。主要方法是通过航片经相对定向、绝对定向后，自动生成核线影像，然后进行像点的密集匹配生成大量的具有高程信息的点云数据，根据这些点云数据以及前面采集的特征点、特征线及特征面，可以生成规则 DEM 格网或者生成 TIN 后，再生成 DEM。

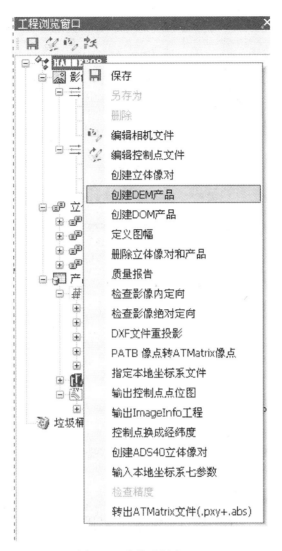

图 10-3　多模型创建 DEM

3. DEM 半自动生成方法

由于自动生成的 DEM 会有一些不可避免的错误，如匹配过程中错误地用到了房屋上的点，大片树林常常遮住了地面，使等高线浮在树顶上而没有反映地面的高程等。所以常常在生成 DEM 后要进行人工编辑，查找和修改自动生成的 DEM 数据。这一过程称为DEM 的半自动生成。

10.2.3　DEM 的生成

在创建的 DEM 节点上点击右键→"生成"，如图 10-4 所示。
显示效果如图 10-5 所示。

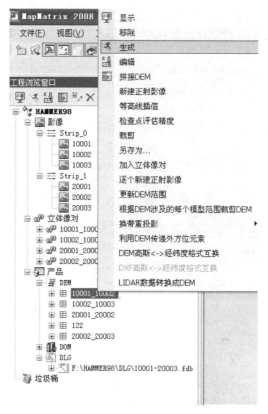

图 10-4　DEM 生成

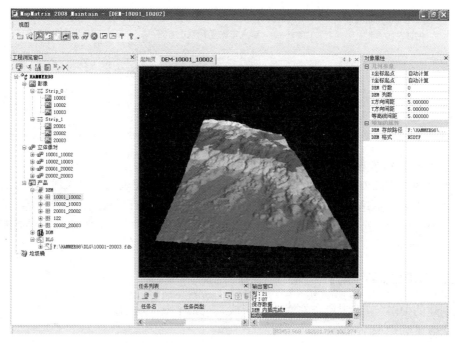

图 10-5　DEM 显示效果

10.2.4 DEM 的编辑

选择编辑媒介。为了编辑出高精度的 DEM，一般选择严格定向后核线像对上进行编辑。对于卫星影像的 DEM，可以在原始影像立体像对上编辑，不必有核线文件（stereo 文件夹下的 *.eil 和 *.eir）。

立体匹配片模型上也可以编辑 DEM，该模型的精度没有前者高，它是正射影像和匹配片（参见匹配片说明）合并成的立体，可以较精确地编辑地貌。

在粗略编辑检查人造修筑的地方时，可以在正射影像上编辑。这时工程浏览器中该 DEM 的立体像对列表里不能有任何模型，而且对应的正射影像也要加载在工程列表的 DOM 节点下，该正射影像的 DEM 列表里要有该 DEM 文件，如图 10-6 所示。

图 10-6　影像列表

用户也可以在没有任何媒介的情况下编辑 DEM，图 10-6 中列表中没有绿色框显示的部分时（只要 DOM 影像下没有该 DEM），可以进入无媒介编辑状态。该方法只适用编辑 DEM 格网点错的很明显的地方。效果如图 10-7 所示。

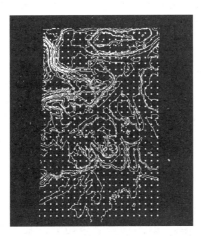

图 10-7　DEM 编辑

注：以上各操作均在后面会做具体的说明。

1. 进入编辑状态

如果生成的 DEM 质量不好，可以进行人机交互编辑。

选中需要编辑的 DEM，单击"工程浏览窗口"上的 █ 图标，或者右键选择"编辑命令"，进入 DEM 编辑状态。中间作业区默认显示 DEM 和等高线信息，如图 10-8 所示（立体像对上编辑界面）。

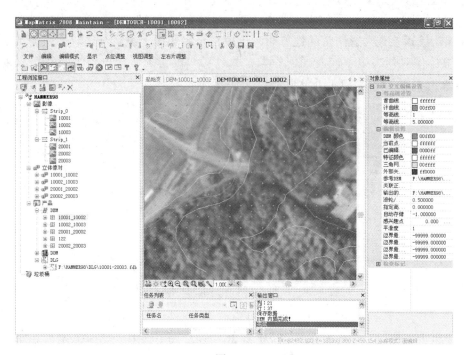

图 10-8

（1）面编辑模式：在 DEM 编辑主界面上，使用鼠标左键量取若干个节点（鼠标中轮或脚盘可调整高程），鼠标右键结束范围线节点的选取，范围线自动封闭（若再单击鼠标右键会取消面范围线）。该模式是对范围线内部的所有格网点进行编辑操作。该模式下可按住 Ctrl 键使用鼠标左键拉框选择编辑范围。

若按了 Ctrl+B 按钮，以后该模式下只能拉框选择编辑范围，可不必按 Ctrl。

注意：原始影像立体上暂时不支持拉框选择编辑区域。

（2）线编辑模式：在编辑主界面上，鼠标左键量取若干个节点后，鼠标右键结束一条特征线的量取，用户还可以继续量取若干根特征线（若鼠标右键结束特征线量取后再单击鼠标右键会取消所有特征线）。该模式是对所有特征线间的格网点进行编辑。该编辑模式下按 T 键，可切换三个特征状态：

①一般默认线编辑（线特征）状态。

②线编辑（面特征）状态时，绘制的每根特征线都当作面特征处理。

③线编辑（点特征）状态时，DEM 编辑窗口中左键单击一次就绘制一个单点。

注意：该编辑模式下，可以拉框编辑，但不支持绘制若干根特征线后使用拉框选择，否则刚才绘制的特征线会消失。

（3）点编辑模式：对单个格网点编辑。参见编辑方式中点编辑的操作说明。

在主编辑界面下方的信息栏里可看到当前的模式状态，如图 10-9 所示。

X=15043.093 Y=12331.818 Z=775.365 当前模式：线编辑（线特征）

图 10-9　模式状态

快捷键 P 切换到点模式状态，主要是点/面切换。

快捷键 Enter 切换到线模式状态，主要是线/面切换。

注意：线，面模式下，还可以按住鼠标右键，绘制流线范围，进行编辑。

2. 编辑方式

以下编辑方式说明中，没特别强调的，一般在面或线模式下均可操作。

1）内插方式

线或面编辑模式下，用户选取需要编辑的区域后，单击 或 工具钮，程序进行该区域格网点的内插处理。

量测点内插指利用用户量取的节点的高程内插出节点范围内其他格网点的高程。快捷键 i。

匹配点内插指用户量取的节点（或拉框选择）范围边界的格网点高程内插出范围内的格网点高程。快捷键 O。

2）加载外部矢量数据辅助参与编辑

单击 按钮，在"选择 DXF 文件"对话框中选择要加载的矢量数据（dxf 的 r12 格式），"打开"会出现如图 10-10 所示对话框。

图 10-10　DEM 特征分类对话框

该界面左边区域显示选择的 .dxf 文件中数据的分层情况，根据需要将层码加入点层、线层或面层。一般可都加入线层。加入面层的矢量，内插时是对该矢量范围内的格网数据进行处理。比如等高的池塘等地物，若将其加入到线层，该池塘线范围内的格网数据不会内插处理，加入到面层就可以处理了。点特征层的码数据必须加入点层，否则，可能不被导入。设置完毕后点击"确定"，进入 DEM 编辑界面。

根据编辑需要设置与等高线不同的颜色好区分（参见属性修改），如图 10-11 所示。

图 10-11　颜色编辑

矢量在编辑界面中以深蓝色显示。用鼠标左键在加载的矢量周围选取需要内插的范围线，再单击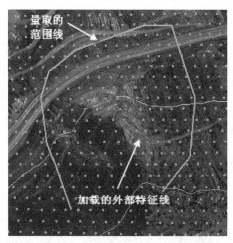"外部特征区域内插"工具钮，主编辑界面如图 10-12 所示。

图 10-12

量取范围线后使用按钮，三角网内插更新该区域的 DEM。

若加载的矢量数据不足以表达这片区域的地形特征：

（1）进行外部特征区域内插前可在线编辑模式下，手工绘制若干根特征线，右键结束某根特征线的量取，然后单击　"记录特征线"工具钮，再在 DEM 编辑窗口单击鼠标右键，确定将刚才绘制的所有特征线都变成外部特征线（深蓝色）。此时依然可以继续绘制特征线，右键结束绘制后再单击鼠标右键将刚绘制的线转换成为外部特征矢量线。在进行外部特征区域内插前，用鼠标左键量取范围线，再单击　"外部特征区域内插"按钮，将节点范围内的所有外部特征线参与内插（注：在进行最后范围线的绘制完毕后不要点击右键，而是绘制完范围线后直接点击，否则程序会认为是取消绘制的特征线或在仍被按下时，将刚绘制的线转换为外部特征线）。

（2）已经将某区域进行外部特征内插，若内插结果不好，在没有右键取消内插状态情况下，可在不满意地方手工绘制特征线，然后单击 I 键（量测点内插），程序将刚才参与外部特征内插的外部特征及后来加的特征线一起内插处理。

单击工具钮，在外部特征线上单击，可以手工删除不需要的特征线。

全部操作完毕后单击工具钮，程序将卸载所有的外部特征数据。

注意：退出 DEM 编辑后程序会自动将记录的矢量外部特征线保存在 *. dem_ f. dxf 文件内，当该文件以已存在时会覆盖该 dxf 文件。

3）平均高程

单击鼠标左键，选择一个范围，然后单击鼠标右键结束。再单击按钮，系统自动对选定区域赋予平均高程值。当编辑区域的点匹配效果较好时，可用该功能。一般用于湖面等需要置平的地方。

4）定值高程

在面编辑模式下，单击鼠标左键，选择一个范围，然后单击鼠标右键结束，系统自动将节点包围区域包围并封闭起来。单击工具栏上按钮或单击空格键，出现如图 10-13 所示对话框：输入指定的高程值后，点击"确定"，选取的 DEM 区域被改成该同一高程。

图 10-13

提示：若单击按钮，主界面右方出现"DEM 交互编辑设置栏"。在该交互编辑设置栏的"指定高程值"栏会默认显示刚才对话框中输入的高程值。

5）平滑

单击鼠标左键，选出几个节点，然后单击鼠标右键，系统自动将节点包围区域的格网点激活。再单击 S 按钮，系统自动对选定区域作平滑处理。程序将平滑分为 4 个等级 1～4，值越大，平滑程度越大。该参数在编辑设置窗口中的平滑度参数处设置（参见属性修改说明），默认 1。

6）导入参考 DEM 中的格网点

单击鼠标左键，选出几个节点，然后单击鼠标右键，系统自动将节点包围区域格网点激活。在编辑设置列表区域点击"参考 DEM"栏后面的对应内容，选择参考 DEM 文件（如图 10-14 所示）。

再单击工具条上的按钮，系统自动将参考 DEM 中的格网点导入该区域。

7）道路推平功能的使用

编辑设置	
DEM 颜色	▇ 0000ff
当前点颜色	▇ 0000ff
已编辑点颜色	☐ 00ffff
特征颜色	▨ ffff00
三角网颜色	☐ 00ffff
外部矢量颜色	▇ ff0000
参考DEM	E:\hammer519\TMP\DEM\4.dem
输出的等高线	D:\青海\1018-84\qqq.dxf
滚轮/脚盘步距	1.000000
指定高程值	91.000000
自动存储	15.000000
感兴趣点	16739895.471 4281995.22...
平滑度	1
边界最小X坐标	15300.000000
边界最小Y坐标	10460.000000
边界最大X坐标	16320.000000
边界最大Y坐标	11480.000000

图 10-14　编辑设置

在线编辑状态下（快捷键 Enter 是线/面状态切换），鼠标左键沿道路中线量测一条线（使用鼠标滚轮或脚盘调节高程），最后在道路的一边按下鼠标左键（最后这个点实际上是给的道路的宽度），右键结束量测，再单击 按钮，系统自动对该处做推平处理。如图 10-15 所示。

图 10-15

8）点编辑

单击 按钮（快捷键 P），系统即进入点编辑状态，此状态下，先将鼠标移到需要编辑的 DEM 格网点上，再使用鼠标滚轮或脚盘调节测标高程后，按下鼠标左键，即将该格网点调整到测标所在的高程（可使用 Page Up，Page Down 键实时调整格网点高程）。

9）裁切

单击鼠标左键，量取范围线，然后单击鼠标右键，结束量测，再单击 按钮，系统自动该区域内的 DEM 格网点裁掉，若单击 按钮，则系统自动该区域外的 DEM 格网点裁掉。

注意：在整个 DEM 编辑过程中，鼠标左键用来选节点，右键用来结束选点，中键滚轮或脚盘可以调整所选点与地面的高度，有利于更好的切准地面。调整测标高程后测标处于锁定高程状态，可以通过按 G 键使测标回到随格网点高程自动调整状态。在属性栏可以对滚轮的步距进行调整（滚轮\脚盘步距）。

10）加载误差报告文件

在 DEM 编辑界面中，系统同时提供"加载 DEM 误差报告"功能。一般误差报告文件（*.dem.error）与拼接结果（*.dem）文件在同一个路径下，可以单击 DEM 编辑界面工具栏上的加载误差报告图标 ⁺E，系统将弹出一个文件选择对话框，在此，您可以打开 DEM 误差报告，在 DEM 编辑中检查，参考问题点修改误差大的点。加载后的效果如图 10-16 所示，图中蓝色点为问题点。

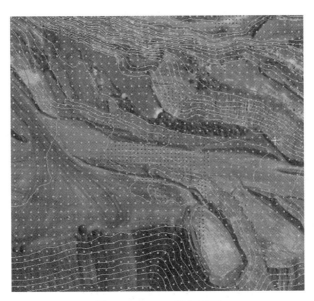

图 10-16　DEM 编辑界面

在操作中我们可以使用快捷键 E 将问题点进行显示和隐藏，如果觉得误差点过小或过大可以通过"DEM 编辑"菜单下的"点位调整"中的"误差点变大\变小"来进行调节。也可以自由定义相应的快捷键来使用。如图 10-17 所示。

点位变大	Num *
点位变小	/
点位变稀	Num +
点位变密	Num -
误差点变大	Ctrl+/
误差点变小	Ctrl+Num *

图 10-17

11) 保存当前的等高线到文件

当需要将等高线导出的时候可以点击 ![icon]图标按钮，文件保存的路径在属性栏中的输出等高线项内进行修改，如图 10-18 所示。如果路径不正确可以单击··按钮进行设置。

注意：导出的等高线文件为 r12 格式的 DXF 文件。

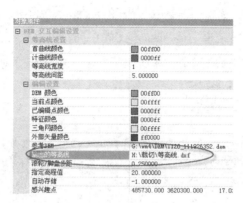

图 10-18　对象属性

3. 属性修改

单击属性图标![icon]，系统在属性窗口中显示如下属性信息，如图 10-19 所示。在编辑 DEM 时，根据需要在此设置响应参数。

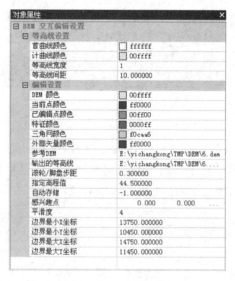

图 10-19　对象属性

单击"首曲线颜色"行，系统弹出一个色板。用鼠标左键单击目标颜色，即可定义选定的首曲线颜色。

单击"计曲线颜色"行，系统弹出一个色板。用鼠标左键单击目标颜色，即可定义选定的计曲线颜色。

单击"等高线宽度"，可输入不同的值定义等高线宽度（一般默认设置）。

单击"等高线间距"，可输入不同的值定义编辑界面里等高线显示的间距。

单击"Dem 颜色"行，系统弹出一个色板。用鼠标左键单击目标颜色，即可定义没编辑的原始 Dem 格网点颜色。

单击"当前点颜色"行，系统弹出一个色板。用鼠标左键单击目标颜色，即可定义被选择的格网点的颜色。

单击"已编辑点颜色"行，系统弹出一个色板。用鼠标左键单击目标颜色，即可定义被编辑过的格网点的颜色。

单击"特征颜色"行，系统弹出一个色板。用鼠标左键单击目标颜色，即可对定义采集的特征线的颜色。

单击"三角网颜色"行，系统弹出一个色板。用鼠标左键单击目标颜色，即可对定义三角网的颜色。

单击"外部矢量颜色"行，系统弹出一个色板。用鼠标左键单击目标颜色，即可对定义加载的矢量数据显示的颜色。

单击"参考 Dem"行，在右边出现一个文件浏览按钮。单击该按钮，系统弹出一个文件选择对话框。在此可为 DEM 修补选择一个参考文件。

单击"输出的等高线"行，在右边出现一个文件浏览按钮。单击该按钮，系统弹出一个文件选择对话框。在此可为工具栏中的 🔲 "保存当前的等高线到文件中"的按钮功能选择一个路径。

在"滚轮/脚盘步距"行，可以在此输入鼠标滚轮步距长度。

在"指定高程值"行，若在此定义指定的高程值，在使用 🔀 "输入高程值"功能钮时，弹出的指定高程值对话框中默认显示该值。

在"自动存储"行，可以定义自动保存的时间间隔，以分钟为单位。如果不用保存，默认值为–1。

在"感兴趣点"行，可以在该行依次输入想编辑区域的某点的 X，Y，Z 坐标值，中间用空格隔开。使用工具栏中的 🔳 "驱动到感兴趣的点"功能钮后系统会根据输入的坐标值自动指向目标位置。

在"平滑度"行，可以设置 DEM 平滑处理的程度，有 1 到 4 个级别可以选择，平滑程度依次变大。

在"边界最小 X/Y 坐标"行，可以设置需要编辑的范围的左下角坐标值，并在立体编辑界面显示该范围线。系统默认为–99999.00000，即最大范围。

在"边界最大 X/Y 坐标"行，可以设置需要编辑的范围的右上角坐标值并在立体编辑界面显示该范围线，系统默认为–99999.00000，即最大范围。

注意：所有的个性化定制结果将自动保存，下次进入系统就不需要再重新设置了。

"DEM 删除"：如果需要删除 DEM，只需要在工程浏览窗口选中目标 DEM，然后单击 ✖ 按钮即可。

4. 实例讲解

1）房屋的处理

通常处理房屋都是在面的方式下进行处理。

先将测标调整为贴于地面（可以使用鼠标滚轮或是脚盘调整），调整好后单击鼠标左键（调整后的测标处于被锁定状态，如果需要继续自动匹配的话点击快捷键 G），同样添加第二个点，依此方法选择一个范围将欲处理的房屋包围，最后单击右键一次结束选取，范围线自动闭合。如图 10-20 所示。

图 10-20

选取完毕后，程序会将框选的区域作特殊显示处理，颜色可在属性栏中修改。此时只需执行◇按钮或快捷键 I 即可，执行后的成果会按照属性栏中的设置单独显示一个颜色。执行后的效果如图 10-21 所示。

图 10-21

完毕后再次点击右键，范围线会自动取消。如果想恢复范围线的显示，可以直接使用快捷键 Q 恢复刚才自动取消的范围线，若觉得刚才内插后的点整体偏高或偏低，可以恢复显示范围线，该区域点自动激活后使用 page up \ page down 整体调整该区域点。

2）道路的处理

先将编辑模式切换到"线编辑模式"下，然后找到道路的中心线，沿着道路的中心线量测（如果高程不能自动贴于地面则使用鼠标滚轮或脚盘调整），当量测到最后的时候，需要将最后一个点落在道路的边缘上，此段距离就是所要处理的宽度。如图 10-22 所示。

图 10-22

绘制完毕后单击鼠标右键一次结束量测，单击工具栏中的 ![按钮] 按钮，程序就会按照指定的宽度沿着道路的中心线向道路两侧平推，效果如图 10-23 所示。完毕后再次点击鼠标右键一次结束道路推平的处理。通常使用该功能也可以处理类似河流等条状规则区域。

图 10-23

注：在进行道路推平处理的过程中，不能对只有三个点的线进行处理。

3）平坦区域的处理

针对较平坦区域的匹配结果较好，大多数情况都是只有部分区域高四周都贴于地面。这样的话使用两种方式进行处理效果都不错。

（1）先将编辑模式切换为"面编辑模式"，然后拖动鼠标左键，框选中需处理的区域，如图 10-24 所示，单击 ![图标] 或快捷键 O。处理后的效果如图 10-25 所示。

图 10-24

图 10-25

注：拉框方式适用于区域平滑的情况，使用效率也相对比较高。

（2）直接使用鼠标右键的流线方式进行编辑。方法为：在处理区域外侧按住鼠标右键，拖动鼠标围绕需处理区域一圈，然后单击工具按钮上  或快捷键 O。如图 10-26 所示。

图 10-26

注：在面编辑模式下，使用流线绘制范围线的时候无需使用任何键进行结束的操作，松开鼠标右键程序就自动闭合了。在山腰平缓地段使用流线也是很方便的。特别是区域比较小的范围使用流线方式进行选取远远比对单点进行量测快很多。

4）水面的处理

由于通常情况下水面的匹配效果都不是很理想，所以通常处理起来都比较麻烦，但是因为水面通常都是个平面，所以在处理的时候，我们可以采用如下的方法：

先将编辑模式切换到"面方式"，在绘制水域范围的时候如果出现点线妨碍视线的，可以先使用快捷键 C 和 D 将点线隐藏起来再绘制范围线，效果如图 10-27 所示。

由于水面通常为平面，所以一般在量测好第一个点后程序就自动将高程锁定了，可以不需要再另行调整高程。完毕后单击鼠标右键结束量测程序，会将选择区域自动闭合（图 10-28）。如果要指定水域的高程，可以直接点击空格键调出输入高程的界面，确定便可。在不知道高程的情况下直接使用量测点内插就可以了。

162

图 10-27

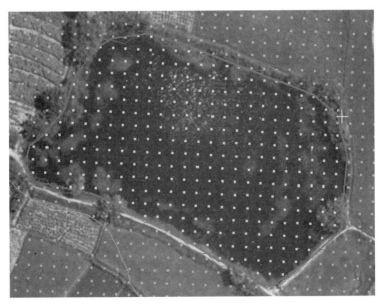

图 10-28

5）山区树林密集区域

（1）绘制特征线处理。

先关闭 DEM 格网点和等高线，将编辑模式切换到线编辑模式下，将测标切到地面，单击鼠标左键，然后移动鼠标到另一个地方，也是同样先将测标切到地面，再点击鼠标左键，一根线量测完毕后点击右键一次，结束当前线的绘制。再绘制第二根线也是采用同样的方法，要求每个点都必须采集于地面，且每一根线应尽量绘制在地形变化的地方。全部

采集完毕后单击 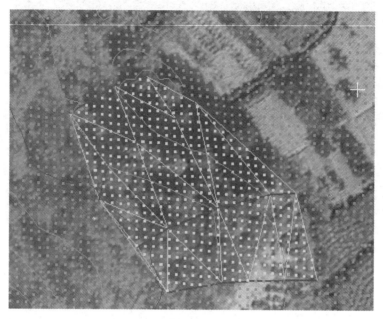 工具钮或快捷键 I。完成后的效果如图 10-29 所示。

图 10-29

采用该方法需要特别注意的是，在构网的时候网的形态，比如图 10-29 中的上方部分就有问题，遇到这种情况的时候，我们无需急着按右键取消这些线，可以直接在有问题的地方添加新的特征线就可以了重新构网了。如果发现所构的网不正确，可以使用快捷键 U 回退。

如图 10-30 所示，只需要在黄线区域内添加两根新的线后，再次点击快捷键 I 就可以了。如果在添加了特征线后不想对数据进行操作而只是查看的话，可以直接使用 F 键切换就可以了，不行就继续修改，可以再次点击快捷键 I。如果添加的线依然无法满足细节部分微小变化的话，还可以在现有的结果中添加些特征点来参与构网。

使用快捷键 T 切换编辑模式为"线编辑（点特征）"。然后在需要添加点的位置单击就可以了，图 10-31 中红色的点就是添加进来的特征点。

添加完毕后，同样点击快捷键 I 就可以了。完毕后的结果如图 10-32 所示。

完成后单击右键就可以取消全部的特征线和点。这种方法只要运用得当的话，可以大面积的进行处理，且该方法也是精度很高的一种方法。

注意：在使用这种方法编辑的时候，一定要注意前一次绘制的特征线和点，如果没有什么用就一定要取消掉。且该方法可以适用于任何一种复杂的地形。

（2）导入现有的矢量文件处理。

如果我们事先已经有了该 DEM 的矢量文件，可以采用导入现有的矢量文件构三角网处理。

首先要将矢量文件转换为 R12 的 DXF 文件，然后单击编辑界面中的 将相应的 DXF 文件导入（导入的方法见前面编辑模式中的 2）加载外部矢量数据文件。

注：通常情况下房屋等层是不需要导入的，否则会影响正确结果。

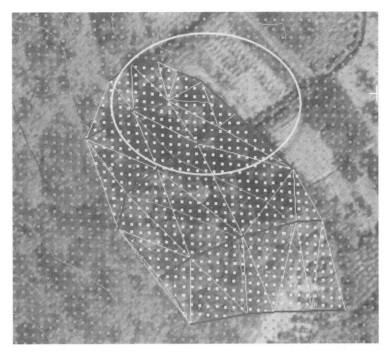

图 10-30

图 10-31

图 10-32

现在主要讲解如何对导入的矢量进行相应的编辑和修改：

如果发现导入的矢量在部分地区构的三角网依然不能正确表示地貌的话，可以采用在相应的地方添加特征线的方式：在不取消三角网显示的情况下（此时程序是自动切换到"线编辑模式"），在需要添加的地方添加新的特征线或点，然后点击快捷键 I 便可。前后效果如图 10-33 和图 10-34 所示。

如果希望将后来添加的矢量保存下来，可以直接单击 ⚑ 按钮，再到立体上绘制，当两次点击右键后，所绘制的线或点就会和外部矢量文件一样被变为同一个颜色，退出 DEM 编辑后，程序会自动将记录的矢量外部特征线保存在 ∗.dem_ f.dxf 文件内。

注：在按下 ⚑ 后，无论是按下之前或之后绘制的线只要没有被取消都将被记录在 ∗.dem_ f.dxf 文件内。

拼接后 DEM 的修改：

当几个模型都编辑完毕后，就可以将所有模型进行 DEM 拼接，完毕后通常需要对 DEM 进行修改。

打开 DEM 编辑界面，单击 ᵗE 打开 ∗.error 文件，将拼接的误差点加载到立体中，图 10-35 中蓝色即为加载的误差点。

在立体中误差点所显示的位置就是两个相邻 DEM 高程的中间值。如果发现 DEM 点有问题，可以对有问题的点进行相应的修改：

图 10-33 添加前的效果

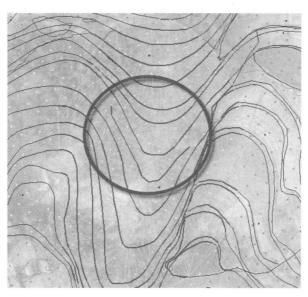

图 10-34 添加后的效果

先将编辑模式切换到"点编辑模式",然后将测标移动到地面上单击鼠标左键,所对应的 DEM 格网点就会自动将高程调整到鼠标所处的高程中来,也可以采用 page up \ page down 在需要调整的 DEM 点上进行调整。

10.2.5 多模型 DEM 的拼接

选中所有要拼接的 DEM:首先选中第一个 DEM,然后在最后一个 DEM 上按住 Shift 键的同时点击左键,在所有选中的 DEM 上点击右键→"拼接 DEM",如图 10-36 所示。
单击"新建"按钮,可以打开一个文件浏览对话框,选择一个 DEM 保存路径,输入

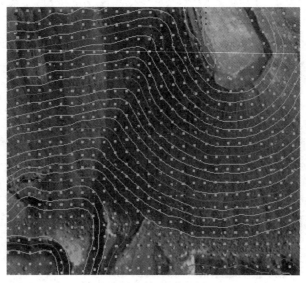

图 10-35

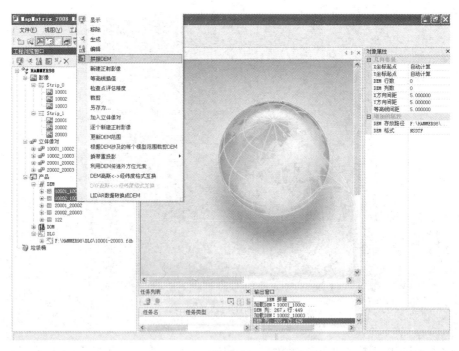

图 10-36

保存的文件名 *.dem，然后单击"打开"即可指定一个保存路径。或在"保存 DEM 拼接"旁的文本列表框中选择一个已有路径名，将拼接结果保存到该处。"在 stereo 列表中加入输入 DEM 的立体像对"指新建的 DEM 加入到工程列表中时也将模型加入到该立体像对列表中。如图 10-37 所示。

这个时候选择"新建"，在接下来出现的对话框中输入 DEM 拼接的名称并选择打开，

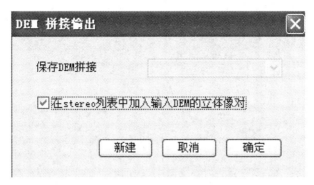

图 10-37 DEM 拼接输出

如图 10-38 所示。打开之后出现拼接界面，如图 10-39 所示。

图 10-38

另外可以拉框选择需要拼接的范围，同时界面左边的左下角 X，左下角 Y，右上角 X，右上角 Y 编辑框中显示拼接范围线的左下角和右上角坐标，编辑框里的值可以手工输入编辑，下次拼接时，若选取该 DEM 路径输出名，该范围坐标值将自动保留使用。用户也可以不选拼接范围线，系统默认最大范围拼接。"对齐到格网"指拼接后的 DEM 的格网点与最左边的模型 DEM 的格网点是对齐的，一般默认设置，所以自动对齐前默认☑。

然后单击上部的执行图标🏃，系统自动开始进行 DEM 拼接处理。处理完成后，会生成一个 *.dem.error 误差报告文件，系统会将不同误差分布的情况用不同颜色表示出来。图中左上角 RMS 颜色分布指示图中可以获知不同误差的颜色表示情况，显示如图 10-40所示。

注意：可以选择单独显示某个误差范围的点。在 RMS 下的文本框中输入需要显示的 RMS 值，然后单击执行图标🏃，系统自动将不属于需要的范围的点隐藏起来。这给检查拼接质量提供很大方便。

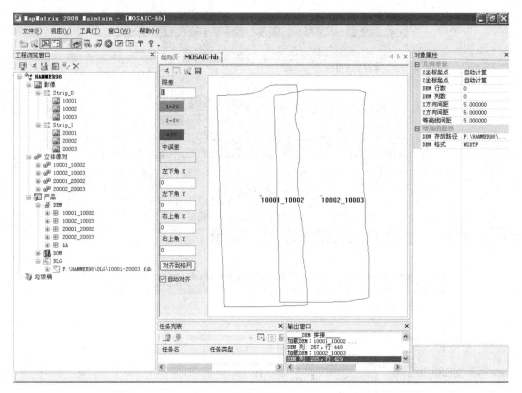

图 10-39

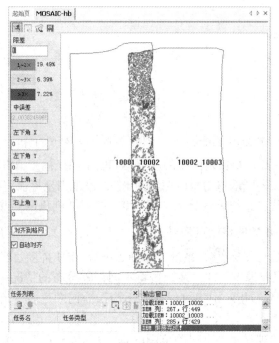

图 10-40

同时，在输出窗口中会给出如图 10-41 所示提示。

图 10-41

当图 10-41 界面中"中误差"的值（单位：米）比较小时，可以点击该拼接界面上的 🖳 "回写"工具钮，程序将有误差的点取中值后替换所有的误差点，不必进入某模型 DEM 里手工编辑误差点。当再次拼接这几个模型的 DEM 时会发现没有误差点了。若拼接的几个 DEM 的格网间距不一致，不能进行回写操作。

注意：可以将几个模型的 DEM 拼接成一个大 DEM，直接在这个大 DEM 上进行编辑，减少拼接检查的过程。这时，可以在拼接界面上，DEM 重叠区域双击鼠标，系统将自动跳到双击处所在的 DEM 位置进行编辑了。

10.2.6 DEM 质量检查

在项目浏览器中单击 🎛 按钮，系统将在"输出窗口"实时显示控制点信息和 DEM 信息，并给出控制点中误差和 DEM 平均值，如图 10-42 所示。

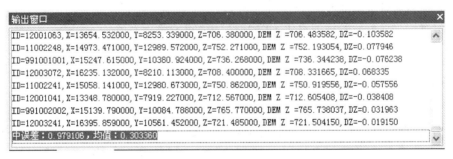

图 10-42

程序是将测区参数中"默认控制点文件路径"中的文件点信息（图 10-43）与 DEM 点信息进行比较差值，得出的质量报告。

控制点文件的点信息较少，用户可以在立体上采集若干点，用导出的点信息文件检验 DEM 编辑质量。

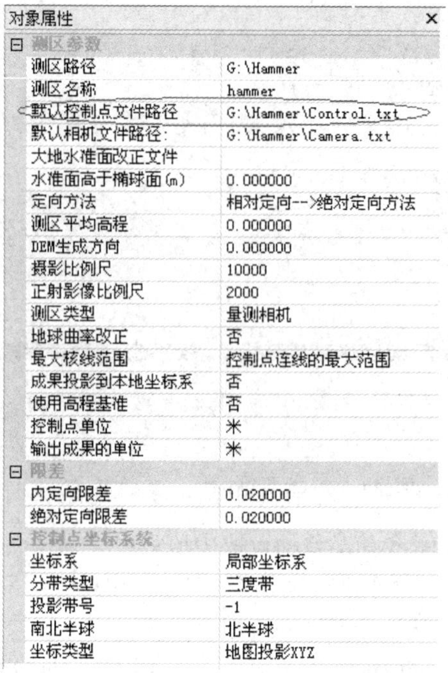

图 10-43

10.3　习　　题

1. 为什么在 DEM 自动生成后要进行人工编辑？
2. 试比较各种 DEM 内插方法的优缺点。
3. 常见的特征线有哪些？
4. 试述影像匹配、特征线采集、DEM 制作之间的相互关系。

第 11 章 数字正射影像

数字正射影像图（Digital Orthophoto Map，DOM）是利用数字高程模型（DEM）对扫描数字化的（或直接以数字化方式获取的）航空像片或航天影像，经数字微分纠正、数字镶嵌，再根据图幅范围剪切生成的影像数据集，是我国基础地理信息数字产品的重要组成部分之一。

数字正射影像图具有地形图的几何精度和影像的纹理特征，故其具有精度高、信息丰富、直观逼真、现实性强等优点。可作为背景控制信息评价其他数据的精度、现实性和完整性；还可从中提取自然信息和人文信息，并派生出新的信息和产品，为地形图的修测和更新提供良好的数据和更新手段。

本章将介绍数字正射影像生成、拼接与质量检查等内容。

11.1 实习内容和要求

本章的实习内容主要有用 MapMatrix 的定向结果生成正射影像，并进行修补和拼接操作；同学们还有必要了解利用功能强大的专业遥感图像处理软件进行正射影像拼接和匀光的操作。本章具体的实习内容和要求是：

- 掌握用 MapMatrix 的定向结果生成正射影像的几个方式和流程
- 掌握用 MapMatrix 进行正射影像修补的操作流程
- 掌握用 MapMatrix 进行正射影像拼接的操作流程
- 了解用 erdas 进行影像拼接和匀光的流程
- 了解 DOM 质量检查的内容和质量要求

11.2 DOM 制作方法与流程

11.2.1 DOM 的制作方法

由于获取制作数字正射影像的数据源不同以及技术条件和设备的差异，所以，数字正射影像图的制作有多种方法，其中，主要包括如下所述的三种方法：

1. 全数字摄影测量方法

该方法是通过数字摄影测量系统来实现，即对数字影像对进行内定向、相对定向、绝对定向后，形成 DEM，按反解法做单片数字微分纠正，将单片正射影像进行镶嵌，最后按图廓线裁切得到一幅数字正射影像图，并进行地名注记、公里格网和图廓整饰等。经过修改后，绘制成 DOM 或刻录光盘保存。

2. 单片数字微分纠正

如果一个区域内已有 DEM 数据以及像片控制成果，就可以直接使用该成果数据制作 DOM，其主要流程是对航摄负片进行影像扫描后，根据控制点坐标进行数字影像内定向，再由 DEM 成果做数字微分纠正，其余后续过程与上述方法相同。

3. 正射影像图扫描

若已有光学投影制作的正射影像图，可直接对光学正射影像图进行影像扫描数字化，再经几何纠正就能获取数字正射影像的数据。几何纠正是直接针对扫描图像变换进行数字模拟，扫描图像的总体变形过程可以看做是平移、缩放、旋转、仿射、偏扭、弯曲等基本变形的综合作用结果。

11.2.2 DOM 制作流程

正射影像图的制作主要分为影像数字化、影像纠正与镶嵌、图幅编辑和整饰、打印输出 4 个阶段。基于 MapMatrix 数字摄影测量工作站的 DOM 制作的整个流程如图 11-1 所示。

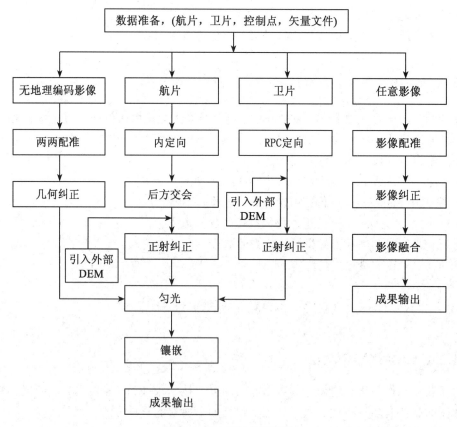

图 11-1　DOM 制作流程图

空三加密的流程请参考第 6 章（空三加密）的相关内容；像片定向的流程请参考第 7 章（模型定向）的相关内容；DEM 采集的流程请参考第 10 章（DEM 生成和拼接）的相关内容。

MapMatrix 的正射影像编辑在其子模块 ImagePro 下进行。Imagepro 是只专注于影像的匀光、镶嵌、裁切成图的专业模块。主要有影像的匀光匀色，图幅的镶嵌成图以及图幅的编辑接边等实用功能。ImagePro 大大改变了以往一定要先拼接再裁切的成图模式，而是直接针对单个图幅生成，不再需要占用大量的空间来进行影像的生产，使正射影像的生产过程中可以更为合理的分配硬盘空间。

11.3　DOM 制作实验

11.3.1　正射影像图制作

下面以 MapMatrix 软件为例说明 DOM 的制作实验。MapMatrix 软件提供了两种利用 DEM 生成 DOM 的方式：一种方式先利用多个单模型的 DEM 生成多个单模型的 DOM，然后进行 DOM 的拼接；一种方式是直接生成多模型的 DEM，然后利用多模型 DEM 直接生成多模型 DOM。

正射影像生成的操作步骤：

（1）首先生成各个模型的 DEM。

（2）创建正射影像。

在 MapMatrix 主界面中，在工程浏览窗口，右键单击工程根节点，选择创建 DOM 产品，系统将自动创建当前模型的正射影像。

（3）生成正射影像。

①右键单击单个正射影像选生成命令，逐个生成单模型正射影像。

②也可以批处理地生成多个单模型正射影像：在 MapMatrix 主界面中，在工程浏览窗口点击工程根节点，在弹出的快捷图标中点击 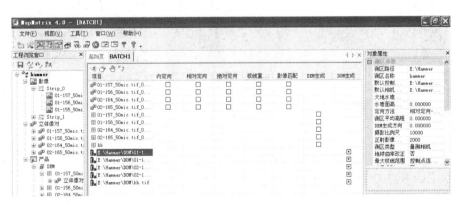，弹出批处理界面，如图 11-2 所示。

图 11-2　批处理对话框

勾选已创建的正射影像，点击快捷图标 ，系统会批处理生成正射影像。正射影像生成后，就应该进入 ImagePro 模块，进行影像匀光等处理了。

11.3.2　正射影像修补

如果影像上有高大的建筑物、高悬于河流之上的大桥及高差较大的地物，则在自动生

175

成大比例尺的正射影像过程中，它们很可能会出现严重的变形，对于用左右片（或多片）同时生成的正射影像，有时还会在影像接边处出现重影等情况。这些变形对实际生产造成不利的影响，所以要采取正射影像修补的方法对其进行校正。

（1）选择需要修复的正射影像，右键菜单"修复"，即可进入修复界面，如图 11-3 所示。

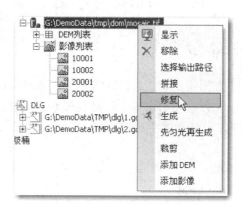

图 11-3　选择修复影像

（2）进入修复界面后选择加点按钮，圈出需要修复的区域，右键结束后自动闭合该区域，按下按钮或者按下快捷键"T"后，自动修复该区域。如图 11-4 所示。

图 11-4　选择修复区域

加点过程中，用户还可对原始影像的位置作微调，加完该点后，在影像左、右窗口中分别显示原始影像的全局影像及局部放大影像，如图 11-5 所示。

图 11-5　影像左右窗口

176

可以选择参考影像，在修复的工程参数中选择相应的修复参数，如图 11-6 所示。

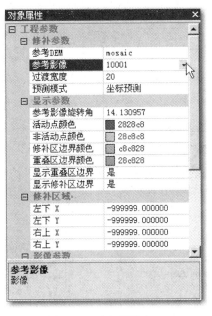

图 11-6　对象属性窗口

方案一：用其他正射影像修复当前正射影像的方式

（1）将要修复的正射影像加入到当前的工程中，选择"影像"节点下的任意航带节点，右键菜单选择"添加影像"，如图 11-7 所示。

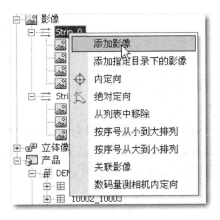

图 11-7　添加修复影像

（2）在弹出的菜单中选择一个或多个正射影像文件，选择"打开"，如图 11-8 所示。添加后界面如图 11-9 所示。

（3）将添加的正射影像拖曳到需要修复的正射影像对应的"影像列表"节点中，如图 11-10、图 11-11 所示。

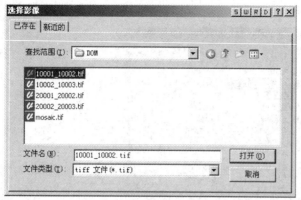

图 11-8　选择修复影像

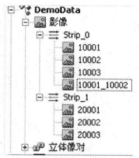

图 11-9　添加后界面

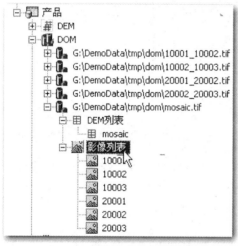

图 11-10

图 11-11

（4）进入修复界面，修改参考影像为该正射影像，即可实现正射影像修复正射影像的功能。如图 11-12 所示。

方案二：用没有定向信息的原始影像修复当前正射影像的方式

操作方式可参考用"其他正射影像修复当前正射影像的方式"，添加的影像改为添加原始影像，另外将预测模式改为"逐点预测"。图 11-13 所示为对象属性窗口。

11.3.3　影像匀光

1. 匀光参数设置

打开 ImagePro 程序，选择菜单项"影像匀色"→"匀色批处理"，弹出如图 11-14 所示窗口。

单击 添加... 按钮添加需要匀光的正射影像，点击 ... 按钮选择相应的参考影像（在选取参考影像的时候，不要选择被匀光的影像）。点击 设置... 按钮设置输出文件的路径，匀光方法选项建议选择默认方式。点击 选项... 按钮对匀光参数进行相应的设置，具体如图 11-15 所示。

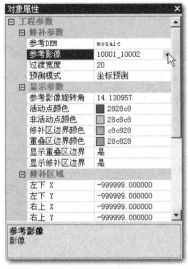

图 11-12　对象属性窗口

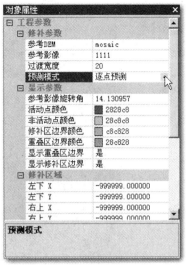

图 11-13　对象属性窗口

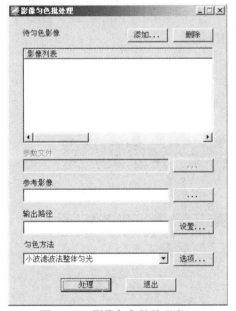

图 11-14　影像匀色批处理窗口

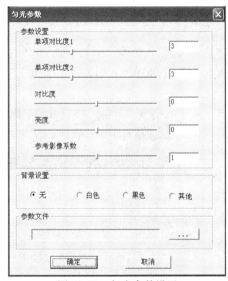

图 11-15　匀光参数设置

2. 整体匀光

参数设置完毕后单击界面中的_____确定_____按钮，程序就开始根据所指定的参考片，进行整体的匀光运算。

11.3.4　影像镶嵌

1. 工程的创建

打开主程序窗口如图 11-16 所示。

图 11-16 主程序窗口

点击菜单项"文件"→打开"→"打开影像",如图 11-17 所示。在弹出的菜单中选中已经做完匀光处理的正射影像,添加正射影像到工程中。

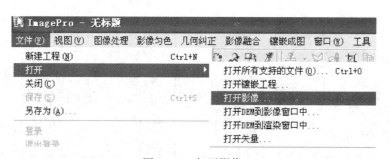

图 11-17 打开影像

2. 影像边界线编辑

单击 ,搜索出影像边界以后,选择影像边界编辑按钮，在影像列表中单击某个影像文件名选中该影像,或者鼠标左键单击某张影像选中该影像,此时被选中的文件的影像边界变成如图 11-18 所示状态,并且光标变为十字丝,可以开始影像边界编辑。只需要用光标选中一个接点,将其拖动到适当的位置即可。并且在编辑边界线的过程中,当前编辑的影像会自动在最上层显示。

(1)插入点:点击 S 键或点击插入点按钮，切换到插入点状态,在两个点之间插入一个新的点。

180

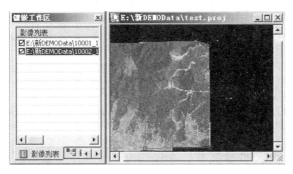

图 11-18

（2）删除点：点击 D 键切换到删除点状态，连续点击 D 键可以依次将添加的点删除。除此以外，选中一个点或拉框选中多个点，点击 Delete 键或删除点按钮 ，就可以删除选中的点。

（3）移动点：点击 F 键或点击移动点按钮 ，切换到移动点状态，选中一个点，使用鼠标拖动该点。

如果需要重新绘制边界线，可以选中重绘边界线图标 ，然后在镶嵌影像上绘制边界线。通过在影像上单击鼠标左键绘制边界线上的节点，然后单击鼠标右键结束节点绘制，系统自动将所绘制区域封闭。

3. 镶嵌线的添加与编辑

在单屏模式下，按住 Ctrl 键，单击鼠标左键选择两张影像。然后点击鼠标右键，系统弹出右键菜单如图 11-19 所示。在该右键菜单中选择"在像对模式下编辑拼接线"命令，切换到像对编辑的状态。如图 11-20 所示。

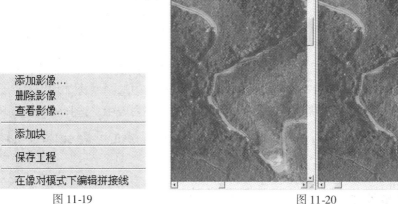

添加影像…
删除影像
查看影像…

添加块

保存工程

在像对模式下编辑拼接线

图 11-19   图 11-20

点击双屏窗口右上角的关闭窗口按钮 ，返回单屏模式。返回单屏模式后，如果需要修改或继续编辑同一条镶嵌线时，无需重新选择影像，直接点击鼠标右键，在右键菜单中选择"在像对模式下编辑镶嵌线"即可。

在双屏模式下，在细节窗口中可以对镶嵌线进行精确调整，点击工具栏的显示或隐藏细节窗口按钮，将当前活动的细节窗口隐藏（单击细节窗口的标题栏将某个窗口设置为当前活动窗口）。

结束镶嵌线的添加：点击 Tab 键，结束镶嵌线的添加，并且点击 Tab 键可以在已编辑好的各条镶嵌线之间进行切换。

小技巧：在镶嵌线编辑的过程中，点击 Space 键可以快速切换到影像浏览状态，此时光标变为小手，可以拖动影像。

4. 镶嵌块的添加与编辑

为了解决航带间的镶嵌问题，而设计提出了镶嵌块的概念，即将同一条航带内的影像添加到一个镶嵌块中，然后将一个镶嵌块中的影像作为一张影像来处理。具体操作如下：

方法一：在影像列表中选择需要添加到一个镶嵌块中的影像，点击鼠标右键，在弹出的右键菜单选择"添加块"命令，如图 11-21 所示。添加镶嵌块后，如图 11-22 所示，在纵向的两幅影像整体边缘，增添了红色边框，即块边界，点击影像窗口工具栏中的块边界按钮，可以隐藏该边界。

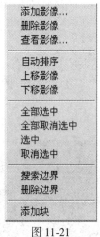 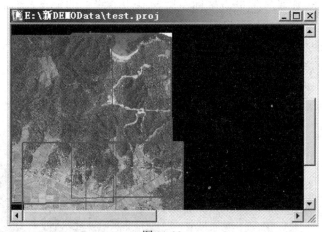

图 11-21   图 11-22

方法二：单屏状态下，按住 Ctrl 键，单击鼠标左键需要添加到一个镶嵌块中的影像，然后点击鼠标右键，在弹出的右键菜单（如图 11-23 所示）中选择"添加块"命令。

点击影像列表下方的镶嵌块列表选项卡，切换到镶嵌块列表中，选择一个镶嵌块，例如 Tile0。此时 Tile0 就显示为可编辑状态，如图 11-24 所示，点击边界线编辑按钮编辑块边界。

5. 沿镶嵌线镶嵌

1）镶嵌线编辑原则

在具体介绍如何利用镶嵌线进行影像镶嵌之前，首先解释一下镶嵌线的编辑原则，即在编辑镶嵌线的过程中要遵循的准则。

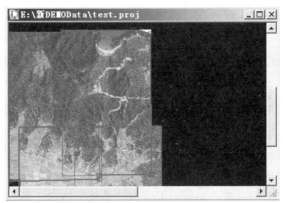

| 添加影像... |
| 删除影像 |
| 查看影像... |
| 添加块 |
| 保存工程 |
| 在像对模式下编辑拼接线 |

图 11-23   图 11-24

- 镶嵌线不可以超出影像重叠区域范围
- 同一条镶嵌线不能相交
- 两幅影像相交，只能有两个交点

符合镶嵌线编辑原则的标准镶嵌线图例如图 11-25 所示。

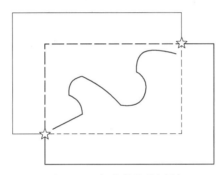

图 11-25　标准镶嵌线图例

标准镶嵌线图例说明：

- 红色实线表示两幅影像的边界
- 红色虚线框表示影像重叠区
- 五星符号表示影像边界的两个交点
- 绿色曲线表示镶嵌线

2）镶嵌线镶嵌

打开影像：选择文件菜单下的打开命令或点击打开按钮 打开影像。

保存镶嵌工程：选择文件菜单下的打开命令或点击保存按钮 保存镶嵌工程。

搜索影像边界：选择影像镶嵌菜单的自动搜索影像边界命令或点击 自动搜索影像边界按钮，搜索出影像边界。

添加镶嵌块：在影像列表中选择同一条航带的所有影像，点击鼠标右键，在弹出的菜单中选择添加块命令，添加镶嵌块。

编辑影像边界：由于镶嵌线编辑原则的限制，两幅影像相交只能有两个交点，因此有必要在开始编辑镶嵌线之前检查并编辑修改影像边界。

保存编辑结果：编辑好影像边界以后需要进行保存，这样用户的编辑才会生效。

编辑镶嵌线：点击工具栏中的镶嵌线编辑按钮 或选择影像镶嵌菜单中的镶嵌线编辑命令开始编辑镶嵌线（详细内容请参考第6章：影像镶嵌基本操作）。

保存编辑结果：选择文件菜单下的保存命令或点击 保存编辑结果。

镶嵌结果预览：选择影像镶嵌菜单下的预览命令或点击工具栏中的预览按钮 ，预览镶嵌结果。如果结果有错误，检查是镶嵌线或影像边界错误返回"编辑修改影像边界"或"编辑镶嵌线"进行修改。

镶嵌工程设置：选择影像镶嵌菜单下的镶嵌工程设置命令或点击镶嵌工程设置按钮，进入镶嵌工程设置对话框，如图11-26所示。点击图中镶嵌结果右边的"..."按钮，在弹出的对话框中，可以选择镶嵌结果影像的输出路径，影像文件名及影像文件格式。

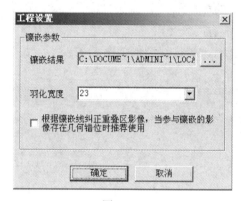

图11-26

点击"羽化宽度"下拉框，选择"羽化宽度"，或者在羽化宽度文本框中输入羽化宽度值。如果镶嵌不需要进行羽化，用户可以将羽化值设置为0。

勾中羽化宽度下面的勾选框，选择几何错位纠正功能，选中此功能后，对于存在几何错位的影像，系统在镶嵌的过程中会自动根据镶嵌线，在重叠区域内对错位进行几何纠正。

注意：当影像格式为*.tif时，且影像比较大，镶嵌的结果影像有可能超过tif影像的限制，即2G。此时镶嵌结果出错，有必要将其存为*.orl格式，具体操作如下：在镶嵌工程设置对话框中点击"..."按钮，在弹出的对话框中将结果影像另存为*.orl格式。如图11-27所示。

开始镶嵌处理：选择影像镶嵌菜单下的开始镶嵌命令或点击工具栏的开始镶嵌按钮 ，开始进行镶嵌。

注意：

开始镶嵌按钮 ，只对沿镶嵌线镶嵌有效。如果用户选择直接镶嵌和自适应羽化镶嵌时，开始镶嵌需要点击影像镶嵌菜单的"直接镶嵌"命令或"自适应羽化镶嵌"命令。

小技巧：镶嵌完成后，系统会自动打开镶嵌的结果影像到一个新的影像窗口中，此

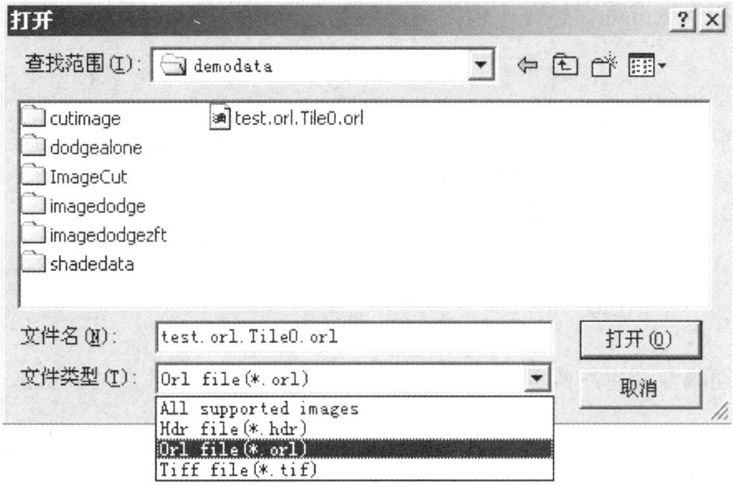

图 11-27

时，用户可以点击导入镶嵌线按钮，将镶嵌线叠加到该影像上检查镶嵌结果。

（1）直接镶嵌：打开待镶嵌影像到影像窗口中，保存镶嵌工程，选择影像镶嵌菜单下的"直接镶嵌"命令开始镶嵌按钮，即可以将图幅无缝镶嵌到一起。开始镶嵌后，系统弹出一个进程对话框显示镶嵌进程。

小技巧：利用直接镶嵌功能裁切影像。打开一张影像，将其保存为一个镶嵌工程，然后点击边界线编辑按钮进入边界线编辑状态，利用边界线编辑功能圈起需要裁切出的影像（如图 11-28 所示，图中被边界线围起的区域为将要裁切出的影像），选择影像镶嵌菜单下的"直接镶嵌"命令，即可以将边界线所围起的影像裁出，裁出的结果影像如图 11-29 所示。

图 11-28

图 11-29

（2）自适应羽化镶嵌：自适应羽化镶嵌主要适合于以下几种情况：

中低比例尺（一般在成图比例尺小于 1 : 5000）影像的无缝镶嵌，房屋倒影不会造成重影，可以获得较好的镶嵌结果。

影像的几何校正精度高，不存在几何错位或几何错位较少的情况下使用。

存在大面积水域或者森林等比较均匀的地物，此时沿镶嵌线镶嵌不能保证无缝过渡，强烈推荐使用。

具体操作如下所述：

打开待镶嵌影像到影像窗口中，保存镶嵌工程，对于多航带的影像需要按照航带将影像添加到一个镶嵌块中，然后选择影像镶嵌菜单下的"自适应羽化镶嵌"命令开始镶嵌。开始镶嵌后，系统弹出一个进程对话框显示镶嵌进程。

（3）镶嵌工程检查：系统提供一个自动检查镶嵌工程结果的功能。用户只需要点击工具栏上面的镶嵌工程检查按钮▦，系统自动弹出一个信息窗口，报告检查结果。

11.3.5 图幅裁切生产成果

ImagePro 提供了影像裁切的功能，并且提供了两种裁切方式：指定行列数裁切影像和指定边界裁切影像。

注：指定行列数裁切影像更方便于裁切图幅。指定边界裁切影像更适合应用于从一个大的影像中裁出几块单独的影像。

具体操作分别如下所示：

1. 指定行列数裁切影像

（1）运行影像裁切功能模块。用户可以按照以下几种方法来运行影像匀光功能模块：选择工具菜单，"影像裁切"命令来运行影像裁切模块。

点击主界面工具栏中的影像匀光 ✎ 来运行影像裁切模块。

在 Windows 的资源管理器中，运行 ImagePro 安装目录下，影像裁切的可执行文件 bin \ CutMagic. exe 也可以调用影像裁切模块。

双击桌面影像裁切的快捷方式，调用该模块。运行影像裁切模块以后，将弹出如图 11-30 所示的对话框。

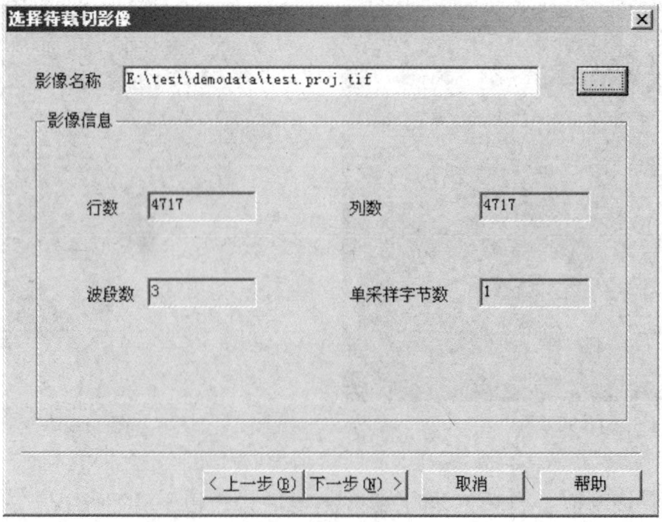

图 11-30

（2）选择裁切方法。在如图 11-31 所示对话框中选择裁切方法。然后点击"下一步"按钮，进入下一步：设置裁切参数。

（3）设置裁切参数。裁切参数设置界面如图 11-32 所示，在该界面中设置用户的裁切参数，各个参数意义说明如下：

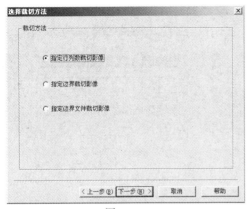

图 11-31

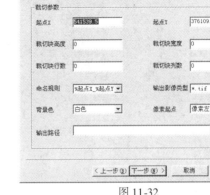

图 11-32

起点 X：被裁切影像的起始点的 X 坐标。

起点 Y：被裁切影像的起始点的 Y 坐标。

裁切块高度：被裁切目标范围的高度。

裁切块宽度：被裁切目标范围的宽度。

裁切块行数：裁切出的单张目标影像的行数。

裁切块列数：裁切出的单张目标影像的列数。

命名规则：裁切出的影像的命名规则，在此提供了两种命名规则按起点坐标命名和按照行列命名，例如：396025_ 690525. tif（起点坐标命名）和 1000_ 2000. tif（行列数命名）。396025_ 690525. tif 指的就是裁切出的影像的起点坐标值为（396025，690525），1_ 2. tif指的就是裁切块行数和列数均为 1000 时的 3000 列 2000 行的影像，继续向下则是 2000_ 2000. tif 等。

输出影像类：输出影像的文件格式。

背景色：输出影像的背景颜色，用户可以在下拉菜单中选择白色或黑色。

像素起点：裁切的确切起始位置。

输出路径：用户可以在输出路径文本框中输入输出路径名或点击右边的"…"按钮设置用户的输出路径。

点击"上一步"按钮返回裁切方法界面，点击"下一步"按钮进入裁切预览界面。

（4）裁切预览及开始裁切。如图 11-33 所示，在该对话框中用户可以预览裁切结果，然后点击"完成"按钮，开始裁切影像。点击"上一步"返回设置裁切参数界面。点击"取消"退出影像裁切。开始裁切后会弹出一进度对话框，如图 11-34 所示，在此用户可以掌握裁切进度。

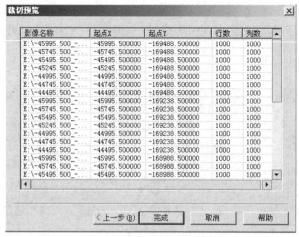

图 11-33

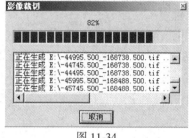

图 11-34

2. 指定边界裁切影像

与按照指定的行列数裁切方式有所不同的是指定边界裁切的裁切参数，下面就以设置裁切参数为主具体介绍指定边界裁切影像的操作步骤。

（1）运行影像裁切功能模块。

与指定行列数裁切影像相同，用户可以按照前述方法启动影像裁切功能模块。

（2）选择裁切方法。

在图 11-31 所示界面中，选择裁切方法为"指定边界裁切影像"。

（3）设置裁切参数。

选择好裁切方法点击"下一步"进入图 11-35 所示界面，在此设置用户的裁切参数，各参数含意说明如下：

起点 X：起点的 X 坐标值，即所要裁出的影像的左下角的 X 坐标值。

起点 Y：起点的 Y 坐标值，即所要裁出的影像的左下角的 Y 坐标值。

终点 X：终点的 X 坐标值，即所要裁出的影像的右上角的 X 坐标值。

终点 Y：终点的 Y 坐标值，即所要裁出的影像的右上角的 Y 坐标值。

背景色：输出影像的背景颜色，用户可以在下拉菜单中选择白色或黑色。

命名规则：裁切出的影像的命名规则，在此提供了一种命名规则即按起点坐标命名。

输出影像类：输出影像的文件格式，目前支持的格式有 *.hdr、*.orl 和 *.tif 三种格式。

像素起点：裁切的确切起始位置。

输出路径：用户可以在输出路径文本框中输入输出路径名或点击右边的"..."按钮设置用户的输出路径。

设置好以上参数后，点击 ，用户所要裁出的影像名称将会显示在图 11-35 右边的影像名称列表中，然后可以在左边设置用户所要裁出的第二张影像的参数。

在图 11-35 中的右边影像名称列表中选中某个文件，点击 ，该选中的影像将会从裁切任务中删除。

188

设置裁切参数
裁切参数
起点X
起点Y
终点X
终点Y
背景色
命名规则
输出影像类
像素起点
输出路径
影像名称
白色
%起点X_%起点Y
*.tif
像素左下角
>>
<<
导入
帮助
< 上一步(B)
下一步(N) >
取消
帮助

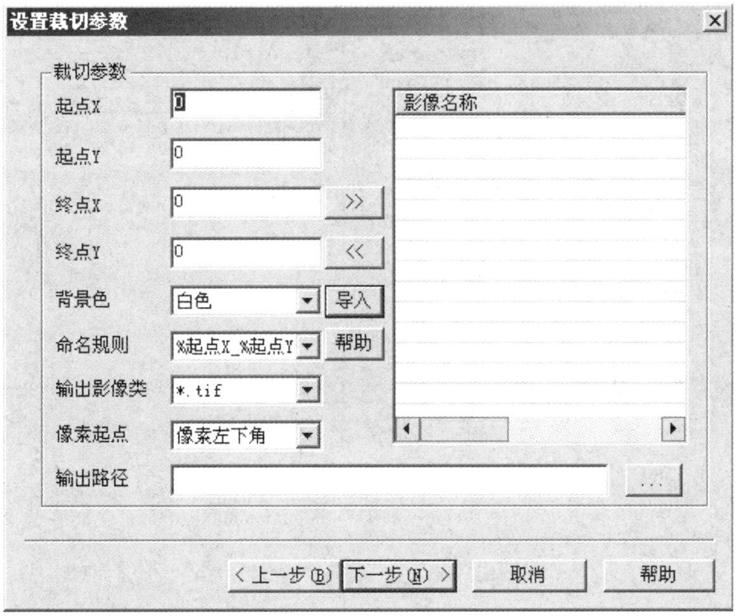

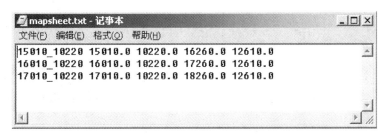

图 11-35

通过图幅边界参数文件裁切，如果有图幅裁切范围的左下角坐标和右上角坐标文件，可以导入该文件所记录的范围进行裁切。如图 11-36 所示显示的是裁切范围。

mapsheet.txt - 记事本
文件(F) 编辑(E) 格式(O) 帮助(H)
15010_10220 15010.0 10220.0 16260.0 12610.0
16010_10220 16010.0 10220.0 17260.0 12610.0
17010_10220 17010.0 10220.0 18260.0 12610.0

图 11-36

注：参数文件中的第一栏记录图幅名称，第二栏和第三栏记录左下角的 X/Y 坐标，第四栏和第五栏记录了右上角的 X/Y 坐标。

单击 导入 按钮，在弹出的对话框中导入参数文件，如图 11-37 所示，然后单击下一步，显示如图 11-38 所示。

（4）裁切预览及开始裁切。

如图 11-38 所示，在该对话框中用户可以预览裁切结果，然后点击“完成”按钮，开始进行影像裁切。开始裁切后会弹出一个进度对话框，如图 11-39 所示，在此用户可以掌握裁切进度。

图 11-37

图 11-38   图 11-39

3. 指定边界文件裁切

在选择裁切方法窗口中选中"指定边界文件裁切影像"选项,然后单击下一步按钮。如图 11-40 所示。

系统弹出如图 11-41 所示边界裁切设置对话框。在边界矢量文件栏单击右边的浏览按钮,在打开的文件对话框中选择一个矢量文件。然后单击输出影像栏右边的浏览按钮,在弹出的另存为对话框中指定输出影像名称和路径。

指定影像后,系统自动将其余信息提取并显示在窗口相应栏中。

设置完成后,单击完成按钮,系统将根据指定的 dxf 文件范围对影像进行裁切,并将结果输出到指定的路径。

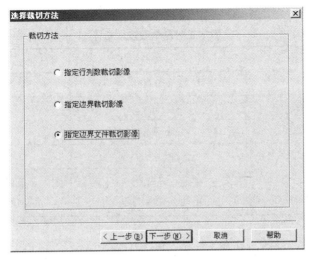

图 11-40

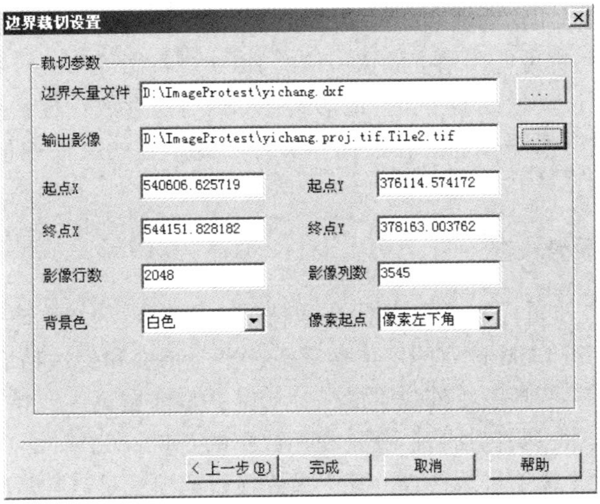

图 11-41

11.4 DOM 质量检查

11.4.1 DOM 产品技术指标

数字正射影像图作为我国基础地理信息数字产品的重要组成部分之一，其成图精度和质量都必须满足相关规范的技术指标要求。DOM 的技术指标主要有空间定位参考系、成图精度、影像地面分辨率、灰阶（辐射分辨率）、波段以及接边误差等。

DOM 产品的空间定位参考系及影像图的平面位置中误差，应符合相同比例尺数字地形图产品的相关规范。其余技术指标因 DOM 的比例尺不同而异。表 11-1 是 1：1 万和

1：5万比例尺 DOM 的技术指标。

表 11-1　　　　　　　　　　　数字正射影像图技术指标

项目	参　　数	
	1：10 000	1：50 000
影像地面分辨率	1m	5m
灰阶（辐射分辨率）	256 灰阶	256 灰阶
波段	1 个或多个	1 个或多个
接边限差	平地、丘陵地 5m 山地、高山地 8m	平地、丘陵地 25m 山地、高山地 40m

数字正射影像的相关质量和技术要求：整个图幅内及整个基础地理信息数据库中的图像都应反差适中，色调均匀，经过镶嵌的数字正射影像图，其镶嵌边处不应有明显的灰度改变；应与相邻数字正射影像图接边，接边后不应出现影像裂隙或影像模糊现象；用于数字正射影像图影像几何纠正的数字高程模型应满足数字高程模型的相关精度要求。无符合精度要求的 DEM 时，也可选用精度放宽一倍的 DEM 进行影像纠正；数字正射影像图的图廓整饰及注记部分可以矢量或栅格文件的形式存储或分层存放；数字正射影像图产品应包含元数据；数字正射影像图产品应在数据体文件头或单独的文件中包含影像的定位点信息。

11.4.2　DOM 质量检查

DOM 产品的一级质量元素主要包括数学精度、影像质量、整饰质量和附件质量等。其中数学精度主要是指 DOM 的空间定位参考系、平面精度和接边精度等；影像质量主要指反差、灰度、色彩、清晰度等外观质量和分辨率；整饰质量主要指 DOM 的注记和图廓整饰的质量；附件质量主要包括文档资料和元数据的正确、完整性。对 DOM 质量进行检查时，可按其质量元素逐项进行检查。其中主要检查的项目是数学基础检测、平面精度检测、接边精度检查、图幅质量的检查。

1. 数学基础的检查

主要检查采用的空间定位参考系是否正确，影像数据文件的定位点、栅格点坐标、X 与 Y 方向的像元地面尺寸、行列数等是否正确。

2. 平面及精度检测

每幅图的平面精度检测点数量视具体情况而定，一般不得少于 20 个点。检测方法是：在比例尺较大一级的线划图上读取明显目标点坐标并输入计算机，与数字正射影像图上的同名目标点坐标相比较，统计计算中误差。也可采用明显地物点外业实测坐标与数字正射影像上同名像点坐标相比较。

3. 接边精度的检查

DOM 的接边精度主要体现在像对间的接边，图幅之间通常是由 1 个像对裁切而成，因此没有误差。可在屏幕上目视检查相邻像对 DOM 接边线两侧接边处是否有影像错位，发现异常时用量测工具进行定性分析，其次是观察影像是否模糊，色彩是否均衡等。

4. 图幅影像质量的检查

目视检查影像是否清晰易读、反差是否适中、色调是否均匀一致，对于彩色 DOM 还要检查色彩的真实性，影像的清晰度，色彩的鲜明度以及连续色调的变化。必要时利用图像分析工具进行量测，使用曲线、彩色平衡、亮度/对比度、色相/饱和度等工具进行调整。

11.5 习　　题

1. 简述在 MapMatrix 中制作数字正射影像图 DOM 的流程。要想制作 DOM，先要生成数字高程模型 DEM，为什么？

2. 在 MapMatrix 中进行 DOM 拼接时可人工选择拼接线，选择拼接线时应遵循什么原则？

3. 在制作 DOM 时为什么要进行匀光处理？

4. DOM 产品的技术指标包括哪些内容？

5. 怎样运用批处理命令提高制作 DOM 的效率？

第 12 章　机载线阵影像数据处理

本书第 3 章已经介绍过：CCD 数字传感器按其工作方式（或 CCD 器件的排列方式）可分为面阵式 CCD 传感器和线阵式 CCD 传感器。线阵式传感器相对于面阵式传感器的优点是一维像元数可以做得很多，而总像元数较面阵 CCD 相机少，而且像元尺寸比较灵活，帧幅数高，特别适用于一维动态目标的测量。在航空传感器方面，最具代表性的也是应用最成功的线阵传感器是徕卡公司推出的三线阵的 ADS40 和 ADS80；在星载传感器方面，有法国的 SPOT5 卫星携带的单线阵传感器 HRV 和日本 ALOS 卫星携带的三线阵传感器 PRISM。

线阵式传感器的成像原理和数据处理流程都跟面阵式传感器有很大的不同，本章将着重介绍 ADS40 线阵影像的数据处理流程。其中，对 ADS40 数据后处理的部分流程参考 Mapmatrix 用户手册编写。

12.1　实习内容和要求

本章的实习内容主要包括对线阵传感器 ADS40 数据处理。实习所用软件为国内软件 Mapmatrix（ADS40 处理空三加密后的一级影像）。实习的具体要求为：

- 了解线阵传感器的成像原理
- 掌握 ADS40 的数据处理流程

12.2　三线阵 CCD 传感器成像原理

三线阵 CCD 测量相机的光电扫描成像部分是由光学系统焦面上的三个线阵 CCD 传感器组成的。这三个 CCD 阵列 A、B、C 相互平行排列并与航天飞行器飞行方向垂直。当航天飞行器飞行时，每个 CCD 阵列以一个同步的周期 N 连续扫描地面并产生三条相互重叠的航带图像 A_s、B_s、C_s，这三个 CCD 阵列的成像角度不同。垂直对地成像的称为正视传感器，向前倾斜成像的称为前视传感器，而向后倾斜成像的称为后视传感器。如图 12-1 所示，B 为正视传感器，A 为前视传感器，C 为后视传感器。推扫所获取的航带图像 A_s，B_s，C_s 的视角也各不相同，从而可构成立体影像。

三线阵 CCD 相机立体摄影测量原理如图 12-2 所示。

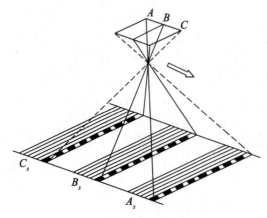

图 12-1　三线阵 CCD 相机扫描示意图

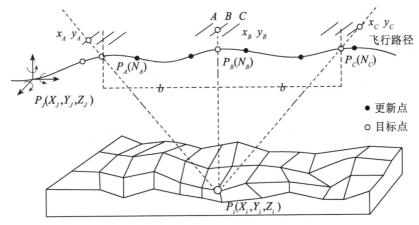

图 12-2　三线阵 CCD 相机立体摄影测量原理

12.3　ADS40 数据处理

ADS40 数字航摄仪的 8 个波段所对应的各个线阵都位于焦平面上，在进行航空摄影时，便可得到以一条航线为单位的各波段连续数字影像。在原始影像各波段中，下视 R、G、B（GEDN00A、GRNN00A、BLUEN00A）用于制作彩色 1 级和 2 级影像（正射影像），REDF14A、GRNF16A、NIRF18A 三个波段用来制作彩红外 2 级影像，这两种影像均可用于遥感影像的分类和判读。3 个全色波段 PANB14A、PANF28A、GRNN00A 的 1 级影像用于影像匹配、DEM 提取编辑和立体测图。

12.3.1　预处理

由于在飞行过程中，传感器的位置和姿态一直处于不断地变化当中，传感器对地面的每条扫描轨迹与其他扫描轨迹之间是不平行的。因此，ADS40 传感器得到的初始影像是扭曲变形的，这种未经过任何处理的原始影像就是所谓的 0 级影像。ADS40 配有高精度的 POS 系统，可以得到每一行影像的外方位元素，所以要用 POS 系统得到的 GPS/IMU 数据对原始影像进行逐行纠正。这种纠正后的影像就称为 1 级影像，其精度可以达到亚像元水平，这样不仅可以消除影像变形，而且具有很好的几何特征和坐标信息。

本书使用的数据，是用徕卡 ADS40 空三加密软件 Orima 加密的成果。空三加密完成后的一些数据文件主要有：

- 影像文件：一般存储为 16bit 分块 TIF 影像
- CAM 文件：相机检校文件，包含影像中每一扫描行的几何和辐射改正参数
- ODF 文件：定向文件，包含影像中每一扫描行的外方位元素信息
- ODF. adj 文件：空三加密后的定向文件
- SUP 文件：SOCET SET 的支持文件
- ADS 索引文件：裁切后的分块影像对应的 ADS 索引文件

12.3.2 生成 4D 产品

1. 建立工程

双击 Mapmatrix.exe，启动该程序，然后在工程浏览窗口中选择"新建工程"，指定工程路径，最好选择原始数据文件所在的工程目录。

"确定"后，在工程浏览窗口点击工程节点，建立工程后其效果如图 12-3 所示。

图 12-3　建立工程效果图

2. 设置工程参数

参数主要包括测区类型和初始坐标信息，如图 12-4 所示。

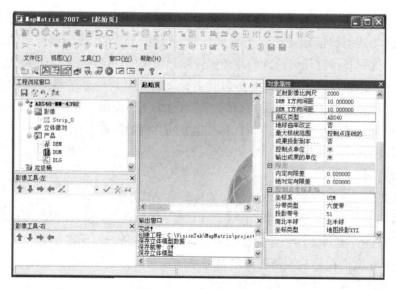

图 12-4　对象属性设置

196

测区类型改成 ADS40，控制点坐标系要根据提供的 84 或 UTM 投影的控制点特点来设置（主要是设置坐标类型为经纬度或地图投影 XYZ），不管是 84 的还是 UTM 投影的，在坐标系一栏都可以设置成 UTM 投影的。

如果不知道投影带号，可用如下方法来获取其信息并计算出来：

先用记事本打开 .sup 文件，如图 12-5 所示。然后找到如下红色框里面的数据，里面记录的是该航带所处的纬度位置和经度位置，与我们通常所见的用度的方式表示的不一样，这里是用弧度的方式来表示的，真正有用的信息是绿色框里面的经度信息。将弧度转换成度的计算方法是：度＝弧度×180°/π。

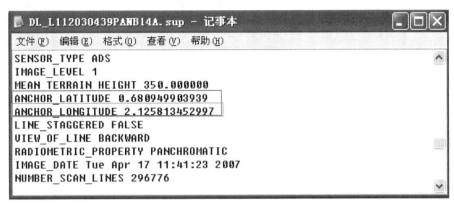

图 12-5　*.sup 文件

经度＝ANCHOR_ LONGITUDE×180°/E. 14159565

例如本例中的经度＝2. 125813452997×180°/E. 14159265＝121. 800139°

然后来计算投影带号。UTM 投影、WGS84 坐标系的起算点是西经 180°处（也是东经 180°处，在太平洋夏威夷群岛附近），自西向东，每隔 6°为一带，这样，则北京 54 和西安 80 的起算点英国格林尼治天文台处就是第 30 带了（这个地方在北京 54 和西安 80 处为 0°），如果是东经 116°，则在 WGS84 中是（116＋180）/6＋1＝50 带，注意，这个+1 是在括号里面的和除以 6 有余数的情况下才加的，倘若没有余数，刚好整除，则不加。

3. 添加初始控制点文件（图 12-6）

点击工程节点，然后点击上方的编辑控制点按钮，进到控制点编辑界面后，选择"导入控制点文件"，弹出如图 12-7 所示窗口，选择 WGS84 坐标系的控制点或 UTM 投影的。导入后，点击保存控制点按钮即可。

4. 添加影像

注意此处添加的是 .sup 文件，并不是添加 tif 影像。具体操作如图 12-8、图 12-9、图 12-10 所示。

这种做法相当于逻辑合并在 ORIMA 空三时为了便于保存的分段的 tif 影像，这里只是逻辑上的合并。

加载后请立即显示一下影像，看影像是否正常。如图 12-11 所示。

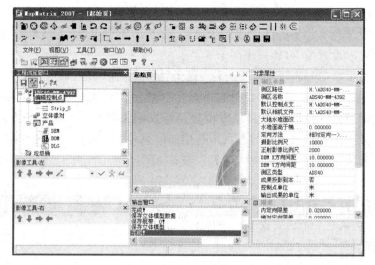

图 12-6

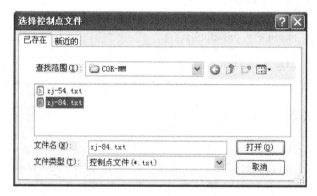

图 12-7　选择控制点文件

图 12-8　添加影像

图 12-9 选择影像窗口

图 12-10 选择影像

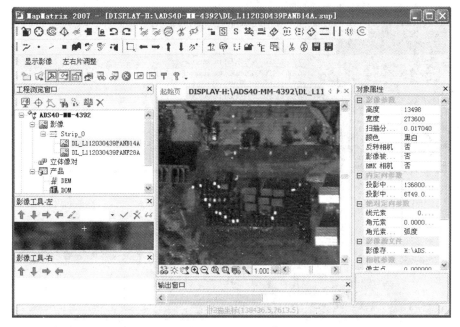

图 12-11 显示影像

加载完影像后，只要加载成功，则在原始的 . sup 文件所在的文件夹里面就会多了如图 12-12 所示红色框里面所示类型的文件。如果你所做的没有或缺少某一类型的文件，请检查前期数据准备阶段必须改的 . sup 文件里面记录的路径，包括影像名字，都要求跟实际中的一样，其中不容易检查出来的地方是影像名字中代表前后视和通道的字母。

5. 继续完善工程参数

这一步为坐标系转换作准备。

需要修改的地方是坐标系此时要改成输出坐标系（即本地坐标系，如 54 或 80 或 2000 的），如果不设置，而直接利用两套控制点来计算七参数或直接利用七参数来转换，则经度要差一些，强烈建议此处设置输出坐标系。还要改的地方是"成果投影到本地坐标系"由"否"改成"是"，要完善的地方是大地水准面改正文件（即 bin 文件），刚开始时没有添加，现在把它添加进去，如图 12-13 所示。如果确实没有这个文件，则不添加（经度肯定要差一些）。

图 12-12　文件类型

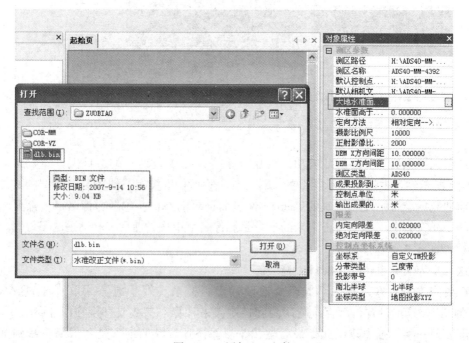

图 12-13　添加 bin 文件

输出坐标系的设置如下：

（1）在本地坐标系（即输出坐标系）控制点中的向东方向有带号（带号为19），例如：

7

2G003	213128E. 350	4311650. 702	168. 001
2G006	2148207. 211	4308320. 717	4. 772
K2G008	2137841. 744	4306897. 785	19. 624
2G010	2132294. 045	4302007. 942	89. 542
2G038	2125986. 308	430760E. 370	14E. 702
2G041	2130611. 707	4320238. 961	69. 753
2G044	2148919. 983	4319599. 082	79. 930

直接在工程属性的"控制点坐标系统"的下面按常规的方法输入坐标系，例如该控制点（航带）在西安80坐标系中是19°带里面的，则在对应的框中如图12-14所示输入。

图 12-14

（2）在本地坐标系（即输出坐标系）控制点中的向东方向没有带号，例如：

7

2G003	3128E. 350	4311650. 702	168. 001
2G006	48207. 211	4308320. 717	4. 772
K2G008	37841. 744	4306897. 785	19. 624
2G010	32294. 045	4302007. 942	89. 542
2G038	25986. 308	430760E. 370	14E. 702
2G041	30611. 707	4320238. 961	69. 753
2G044	48919. 983	4319599. 082	79. 930

按如下操作步骤设置输出坐标系（如果知道输出坐标系的椭球参数则不必做本步骤）：

点击"工具"→"裁切DEM/DOM"（目的是得到输出坐标系的椭球参数，图12-15），弹出DEM/DOM裁切窗口，任意加载一个DEM进来，点击"投影"，如图12-16所示。

弹出图12-17所示窗口。选中对应的投影坐标系和投影带，在后面要用到的数据为："长半轴、短半轴、投影带、中央子午线、缩放比（北京54和西安80的缩放比都是1）"。这个窗口暂时不要关掉。

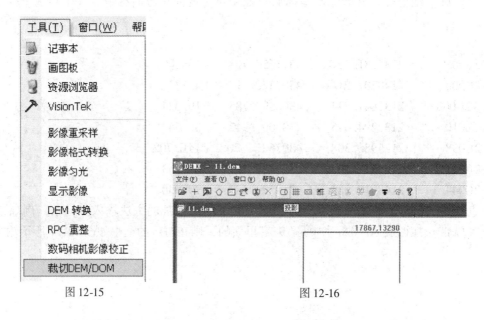

图 12-15   图 12-16

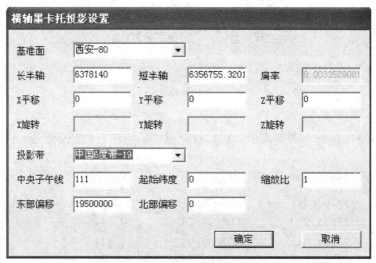

图 12-17　横轴墨卡托投影设置窗口

在工程属性的"控制点坐标系统"的下边选择"自定义 TM 投影",如图 12-18 所示。

选中后就会弹出如图 12-19 所示的窗口,如果没弹出,请换到其他坐标系后,再点一次"自定义 TM 投影",直到弹出为止:

长半轴、短半轴、投影带、中央子午线、缩放比和东偏(东偏固定值是 500000)。

如图 12-19 所示,左图是弹出的窗口,右图是将参数修改后的显示图。

填完之后,点击"确定",目的是保证输出成果是在目标坐标系内(即本地坐标系)。

倘若提供了 TM 投影文件,即 tm. dat 文件,则在输出坐标系中,也就是修改"控制点坐标系统"时,根据提供的 tm. dat 文件,设置 TM 坐标系参数,如图 12-20 所示。操作时,在将坐标系由其他类型改为"TM 投影"时会自动弹出"TM 坐标系设置"窗口(图

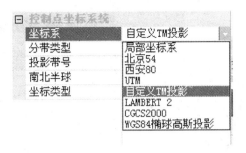

图 12-18

TM坐标系设置			TM坐标系设置		
椭球参数			椭球参数		
椭球长半轴:	6378245	米	椭球长半轴:	6378140	米
椭球短半轴:	6356863.018773	米	椭球短半轴:	6356755.32016983	米
椭球偏移DX:	0	米	椭球偏移DX:	0	米
椭球偏移DY:	0	米	椭球偏移DY:	0	米
椭球偏移DZ:	0	米	椭球偏移DZ:	0	米
投影设置			投影设置		
中央子午线:	121.5	度	中央子午线:	111	度
原点纬度:	0	度	原点纬度:	0	度
子午线缩放比:	1		子午线缩放比:	1	
东偏:	30000	米	东偏:	500000	米
北偏:	0	米	北偏:	0	米
平行纬度1		米	平行纬度1	0	米
平行纬度2		米	平行纬度2	0	米
确定　　取消			确定　　取消		

图 12-19　TM 坐标系设置窗口

12-20），在这里设置后，下面的分带类型和投影带号就可以不用设置了。

6. 坐标系转换

前面的数据都设置好后，特别是输出坐标系和成果投影到本地坐标系改为"是"是一定要设置的。点击工程节点，点击右键，选择指定本地坐标系文件（图 12-21），选中本地坐标系控制点文件，如 54 坐标系的控制点文件（图 12-22）。选中后在弹出的窗口里"是否使用七参数模型"处，选择"是"，这时程序会自动计算转换参数（图 12-23）。注意输出窗口里面的各个控制点的 DX、DY、DZ（图 12-24），如果数值比较大（大于 0.5）则请注意一下，转换可能有问题，问题最有可能出现在控制点的坐标值上。

倘若作业时没有两套坐标系的控制点，也就是说没有本地坐标系的控制点，但有转本地坐标系的七参数，则可以直接使用七参数。同样在工程节点点击右键，选择"输入本地坐标系七参数"，在弹出的窗口中对照输入七参数即可，如图 12-25 所示。

坐标系转换完成后，请保存工程，并且退出程序一次，或者在工程浏览窗口的空白

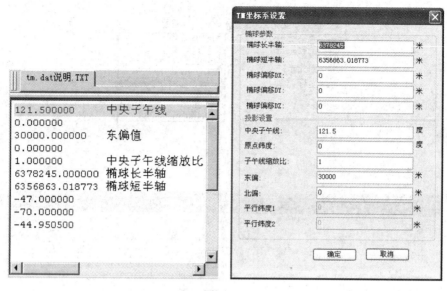

图 12-20

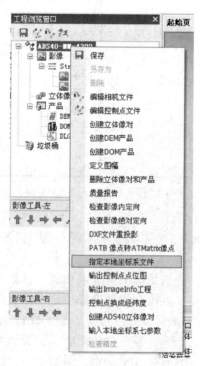

图 12-21　选择控制点文件

处，重新加载一次本工程，这样可以让已操作的数据彻底存盘，以防万一。

7. 创建立体

选中两个视角的影像，点击右键"创建立体像对"（一般 14 视角在后，28 视角在前，

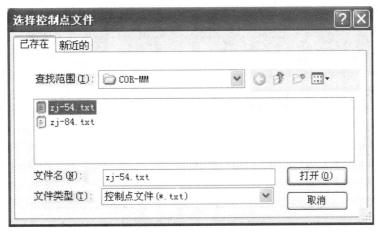

图 12-22 选择控制点文件窗口

图 12-23 是否使用七参数对话框

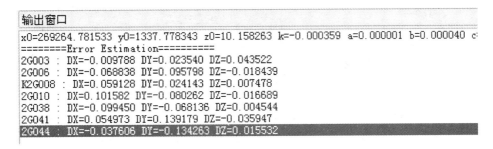

图 12-24 输出窗口

分别对应左右片，也有航带是反航带的，则需 14 在前，28 在后，分别对应右左片）。

8. 检查坐标系转换结果

为了检验一下坐标系转换是否成功，可以在测图里面通过在立体上叠加控制点来检查。

操作方法是：

在 DLG 节点上点击右键"新建 DLG"，然后在新建的 .gdb 文件上点击右键"加入立体像对"，将刚才建立的立体像对添加进来（图 12-26）。加入立体像对后，在 .gdb 文件上点击右键"数字化"（图 12-27），程序自动调用测图程序——FeatureOne。第一次进入 FeatureOne 程序，程序会提示"目标文件不存在，是否新建"，选择"是"，因为前面只

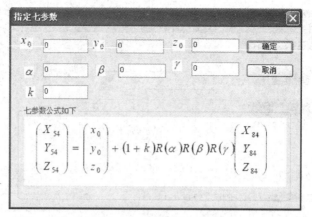

图 12-25   七参数设置对话框

是创建了一个 .gdb 文件的节点，并没有真正创建 .gdb 文件。

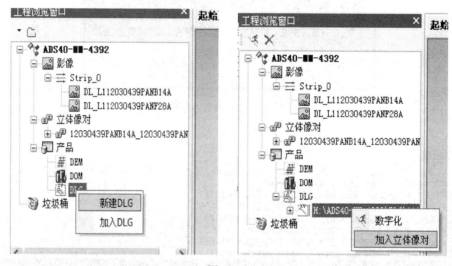

图 12-26

　　进入测图模块后，打开立体像对，操作方法是在立体像对上点击右键，选择"打开原始像对"，不要选择"打开核线像对"，因为此时并没有核线，而且 ADS40 影像本身因为不是严格意义上的中心投影，只是在垂直于扫描方向是中心投影，因此整个影像不符合中心投影的规律，也就不存在核线。

　　设置矢量范围跟立体一致，如图 12-28 所示，依次点击"工作区"→"工作区属性"→"设置边界为立体模型"即可。

　　然后导入控制点，操作方法是依次点击"工作区"→"导入"→"控制点"，选择本地坐标系的控制点，不要选择 84 或 UTM 的，因为在前面的操作中，整个工程已经转到本地坐标系下了。导入时最好把"图幅范围内"前面的勾去掉，这样即使坐标系转错了，你也大概知道差了多少。

图 12-27

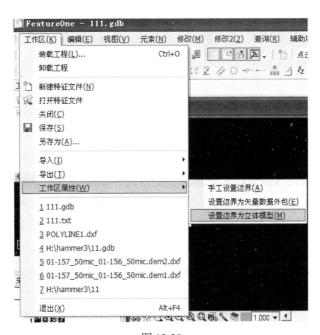

图 12-28

　　最后一步检查控制点。在矢量窗口上点击右键（测标处于编辑状态），选中一个控制点，然后回到立体视图上，立体视图会自动显示到该控制点位置，戴上立体眼睛观看该控制点的点位是否正确。依此方法，最好多检查几个控制点。如果控制点的点位正确，说明坐标系转换没有问题，前期工程建立没有问题，并且可以就此立体界面进行测图了。

　　9. 立体模型裁切

　　因为 ADS40 一张影像就是一条航带，它本身又不符合中心投影法则，因此如果要生成 DEM 的话，我们要将其裁切成一小段一小段的（图 12-29）。倘若是通过矢量数据

（DLG）生成 DEM 的话，则不需要做这一步，包括后面的相对定向、采核线、影像匹配等都可以不做。

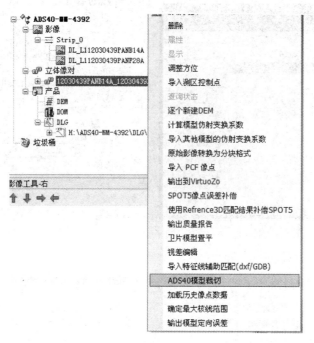

图 12-29

进入到模型裁切界面，如图 12-30 所示。

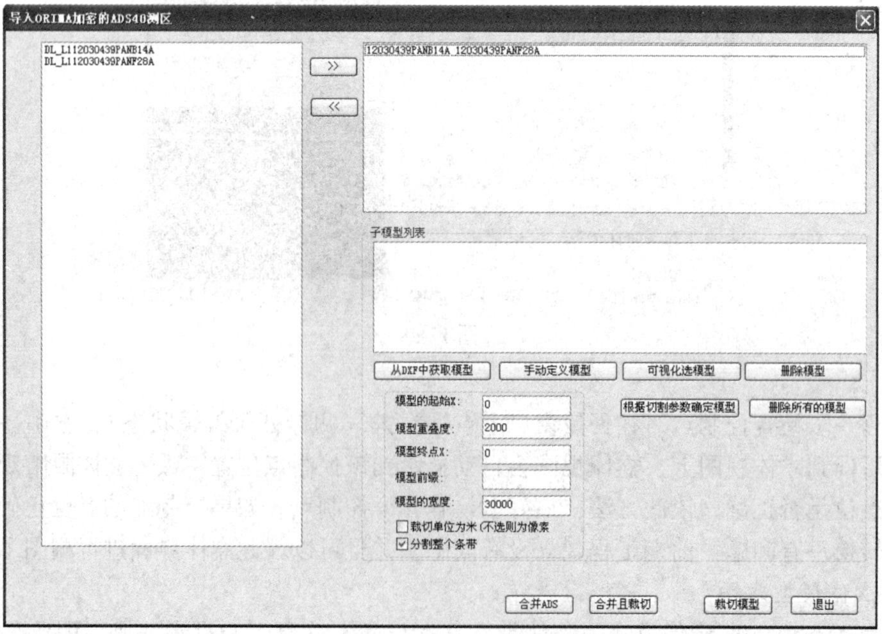

图 12-30　模型裁切界面

这种方式的裁切，不用先合并，直接进行裁切，点击 [裁切模型] 即可，因为在添加.sup 文件时程序已经进行了逻辑上的合并。

12.3.3　生成 DEM 和 DOM 产品

当所有准备工作完成后，就可以进行 DEM 和 DOM 的生成工作了。

MapMatrix 提供了基于物方匹配生成 DEM 的模块，该模块很适合为 ADS40 和 ADS80 影像，以及卫星影像生成 DEM。该工具可以自动地生成 DEM，在使用该工具前，用户不需要做任何的定向工作。但是用户必须指定平均高程，以及大概的最大和最小高程。程序将通过平均高程确定 DEM 平面，通过最大和最小高程确定高程的波动范围。

在 Windows 界面下点击"开始"→"所有程序"→"MapMatrix 4.0"→"工具"→"匹配生产 DEM"，弹出如图 12-31 所示对话框。

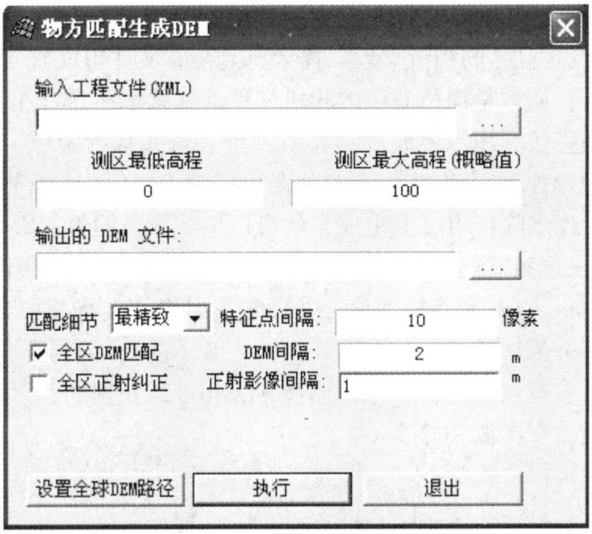

图 12-31　生成 DEM 对话框

平均高程设置方法：在 MapMatrix 界面下，点击工程的根节点，在右侧的属性窗口中找到测区平均高程选项，输入平均高程值即可。如图 12-32 所示。

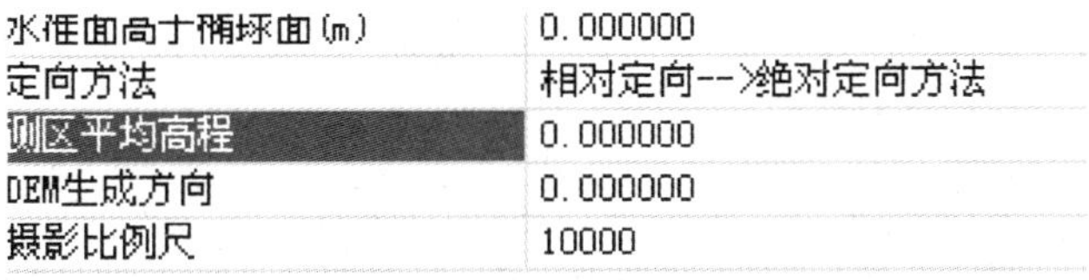

图 12-32

导入 ADS40 工程文件，指定最低高程和最高高程值以及其他参数，然后点击确定，程序会自动匹配生成 DEM。

注意：最低高程和最高高程信息以及平均高程信息存放在 ADS40 的 sup 文件中。打

开 . sup 文件，里面有一个名为 MAX_ AND _. MIN ELEVATION 的参数，记录了该张影像的最低高程和最高高程；另外一个参数为 MEAN_ TERRAIN_ HEIGHT，记录了平均高程信息。如图 12-33 所示，在 sup 文件截图中，最大高程是 700，最小高程是 0，平均高程是 350。

```
MAX_AND_MIN_ELEVATION 0.0 700.0          IMAGE_LEVEL 1
IMAGE_MOTION 0                           MEAN_TERRAIN_HEIGHT 350.000000
INITIALIZED 2                            ANCHOR_LATITUDE 0.680949903939
STATUS 0                                 ANCHOR_LONGITUDE 2.125813452997
PHOTO_DATE "Tue Apr 17 11:41:23 2007"
```

图 12-33

如果是做彩色的 DOM，且空三成果的影像文件夹里面有合成的 RGB 影像（一个合成的影像），则需先将其加到工程的影像节点下，指定对应的 . sup，odf，odf. adj 和相机文件，其中 RGB 影像没有自己的相机文件，需要进到 sup 文件里面查看该 RGB 影像是用的哪个波段的相机文件，通常是绿色波段的相机文件。如果里面没有注明合成时用的是哪个波段的相机文件，则直接利用绿色波段的相机文件。这些都指定后，可以将 RGB 影像直接加到正射影像下的影像节点里面来，或者直接拖到 DOM 的影像节点下面来。将 DOM 影像节点下的黑白影像删除，再点击生成，就可以生成彩色的正射影像。如果想利用 0 级的 R，G，B 影像（三个独立的影像）来生成正射影像，则需先将影像添加到影像节点里面来，指定对应的 . sup、odf 和相机文件，然后在正射影像上将其加到正射影像下的影像节点里面来，从上到下依次为 R（红），G（绿），B（蓝），同样要将里面的黑白影像和其他影像删除，然后右键点击正射影像，选择 ADS40 0 级正射纠正。

其他处理同普通航空影像一样。

12.4 习　　题

阐述三线阵式 CCD 传感器成像原理。

第13章 卫星测图

13.1 实习内容和要求

本章的实习内容及要求主要为：

- 了解卫星影像的成像原理，重点掌握线阵 CCD 成像原理及成像模型
- 学会使用 LPS 模块进行卫星影像处理，分为 RPC 模型和严格成像模型
- 学会使用 MapMatrix 进行卫星影像处理，知道如何得到 4D 产品

13.2 卫星影像成像原理

航天遥感技术的发展使得由各种卫星系统提供的卫星遥感数据大量增加，随着卫星遥感图像空间分辨率、光谱分辨率以及时间分辨率的不断提高，卫星遥感影像已成为全球地图生产过程中的重要数据源，已普遍应用于卫星影像地图、专题地图、普通地图、航空图以及地形图的制作、更新和修编。

卫星测图相比于航空摄影测量和地面摄影测量等传统的测图技术，具有以下优越：

（1）加强地图资料的现势性。卫星遥感数据应用于地图修测，将是从根本上改变地图资料陈旧的有效手段。

（2）缩短地图成图周期。卫星测图为快速成图和地图更新开辟了一条新的途径，大大缩短了成图周期，现在已有可能在几周甚至几天内编制一幅全新地图。

（3）降低地图生产成本。相比于航空摄影资料运用于地图更新所耗费的人力、物力和财力，卫星测图能有效降低制图成本，这对于大规模地图生产具有重要意义。

IKONOS、QuickBird 等高分辨率卫星影像的出现，为航天摄影测量提供了新的研究内容，高分辨率遥感卫星影像具有广阔的应用前景，而其多样性和复杂性使得传统摄影测量技术不再完全适用，因此开展高分辨率卫星遥感影像的基础理论和应用技术研究十分必要。

13.2.1 线阵 CCD 成像原理

在各类成像传感器中，线阵 CCD 推扫式传感器的突出优势表现在目标定位和立体测图方面。法国 SPOT 卫星、美国的 IKONOS、QuickBird 卫星等都载有线阵 CCD 推扫式传感器。

线阵 CCD 影像是一维影像，由若干行一维的影像拼接得到单景影像。对于采用 CCD 推扫式成像仪获取的影像，在同一条影像上，各像点具有相同的外方位元素，而不同的线影像上的像点，具有不同的外方位元素。外方位元素值的这种动态变化增加了对影像进行

摄影测量处理的难度，但是每条线影像的构像仍然符合中心投影的几何关系。也即是每条 4-D影像都对应一个曝光时间，都有一套独立的外方位元素（Exterior Orientation Parameters，EOPs），且满足严格的中心投影，也即是满足共线方程：

$$x_i = d = -f\frac{a_{i1}(X - X_{Si}) + b_{i1}(Y - Y_{Si}) + c_{i1}(Z - Z_{Si})}{a_{i3}(X - X_{Si}) + b_{i3}(Y - Y_{Si}) + c_{i3}(Z - Z_{Si})}$$

$$y_i = -f\frac{a_{i2}(X - X_{Si}) + b_{i2}(Y - Y_{Si}) + c_{i2}(Z - Z_{Si})}{a_{i3}(X - X_{Si}) + b_{i3}(Y - Y_{Si}) + c_{i3}(Z - Z_{Si})}$$

(13-1)

在推扫式摄影过程中，任何一个地面点均有前、正、后三根光线交会（见图13-1）。如果摄影时各取样周期的6个外方位元素已知，则根据像点坐标就可以恢复地面模型和地面点坐标。如果取航向方向为 x 方向，则对于每一条影像来说，x 坐标都为常量 d：

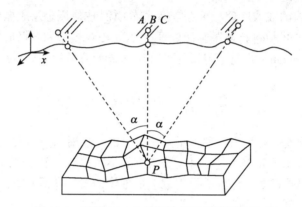

图13-1　线阵CCD立体测绘相机摄影测量原理

前视相机（fore-looking，代号 f）：$d = x_f = f \cdot \tan\alpha$
正视相机（Nadir-looking，代号 n）：$d = x_n = 0$
后视相机（after-looking，代号 a）：$d = x_a = -f \cdot \tan\alpha$
式中，f 为正视相机焦距，α 为前、后视相机与正视相机的夹角。

13.2.2　线阵CCD传感器严格成像模型

建立像点坐标和地面点坐标之间的函数关系是摄影测量所要解决的最基本的问题之一，卫星影像在成像过程中，受到透视投影、摄影轴倾斜、大气折光、地形起伏等诸多因素的影响，使得影像中各像点产生不同程度的几何变形和失真，因此要有效使用遥感卫星影像，首先必须解决成像传感器的几何模型问题。遥感影像的传感器模型通常有多种，主要可分为两大类：

（1）传感器严格物理模型。考虑成像时造成影像变形的物理意义如地表起伏、大气折射、相机透镜畸变及卫星的位置、姿态变化等，然后利用这些物理条件构建成像几何模型。通常这类模型数学形式较为复杂且需要较完整的传感器信息，但由于其在理论上是严密的，因而模型的定位精度较高。

（2）通用传感器模型。不考虑传感器成像的物理因素，直接采用数学函数如多项式、直接线性变换方程以及有理多项式函数等形式来描述。

在传统的摄影测量领域，应用最多的是物理传感器模型，也即基于共线方程的成像模型。但随着传感器获取立体影像方式的日渐复杂，画幅式相机在摄影测量领域的垄断地位被打破，特别是三线阵影像因其具有广阔的应用前景而受到日益广泛地关注。因此，研究这种构像条件下传感器的成像模型具有重要的现实意义。

物理传感器模型要考虑传感器和搭载平台的物理参数，如镜头的焦距、CCD 阵列的排列方式、飞行器姿态角和位置参数等，通常用共线原理来构建方程。星载的物理传感器模型通常包括基于卫星轨道参数和姿态角的位置—旋转（PR）模型以及基于卫星位置、速度和姿态角的轨道-姿态（OA）模型。

1. 位置-旋转（PR）模型

共线性是所有影像几何的一个最基本的属性，因此，共线方程（见式 13-1）被广泛地应用于透视成像模型，注意到搭载平台的运动方向是沿着 x 轴，x 坐标值恒为常数，y 坐标值则是根据影像的列数以及 CCD 的构造通过内定向方式获得。$a_{i1} \sim c_{i3}$ 是传感器相对于地面参考系的旋转矩阵系数（通常是三个旋转角 ω, φ, κ 的表达式），可见，这个模型采用了卫星位置（传感器框标中心点）的坐标和旋转角 ω, φ, κ 作为外方位元素，因此，它被称为"位置-旋转"（PR）模型。如图 13-2 所示。

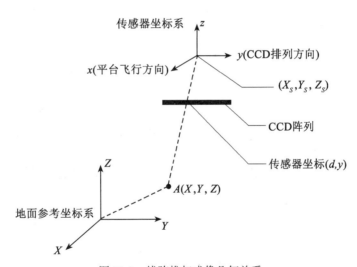

图 13-2　线阵推扫成像几何关系

PR 模型还可以用以下的矩阵方程来描述（注意与后面将要描述的 OA 模型相对应）：

$$\begin{pmatrix} x \\ y \\ -f \end{pmatrix} = \begin{pmatrix} d \\ y \\ -f \end{pmatrix} = \lambda R^{\mathrm{T}} \begin{pmatrix} X - X_S \\ Y - Y_S \\ Z - Z_S \end{pmatrix} \tag{13-2}$$

式中，R 是由旋转角确定的旋转矩阵，λ 是比例因子。

用二次多项式来描述外方位元素和时间 t（或是影像坐标 x）的关系：

$$\left.\begin{array}{l} X_S = X_0 + a_1 t + b_1 t^2 \\ Y_S = Y_0 + a_2 t + b_2 t^2 \\ Z_S = Z_0 + a_3 t + b_3 t^2 \\ \kappa = \kappa_0 + a_4 t + b_4 t^2 \\ \varphi = \varphi_0 + a_5 t + b_5 t^2 \\ \omega = \omega_0 + a_6 t + b_6 t^2 \end{array}\right\} \qquad (13\text{-}3)$$

上式中的 18 个系数中，选择 12 个未知数，将 ω, φ 参数作为常数。这样就将解算所有扫描行影像的外方位元素转换为求解这 12 个定向参数。

2. 轨道-姿态（OA）模型

从物理意义上说，对于卫星的控制通常是与轨道参考系有关的，随着卫星在轨道上连续地移动，轨道参考系也随着时间而变化。这可以用轨道参数（如倾斜角、升交点以及平均异常，或是卫星位置和速度矢量）来表示。图 13-3 是轨道参考系（图中的虚线坐标系）和传感器参考系（图中的实线坐标系）的关系结构图。二者之间的夹角称为姿态参数（旁向倾角、航向倾角、像片旋角），且姿态角代表的是一组独立的旋转操作，但都相对于某个相应的"物理"旋转轴。即旁向倾角的轴线是飞行方向；像片旋角的轴线是卫星位置矢量的方向；航向倾角的轴线取与前两个坐标轴正交的方向。这样，OA 模型中的姿态角就与其他任意选定轴线的旋转角有所区别。

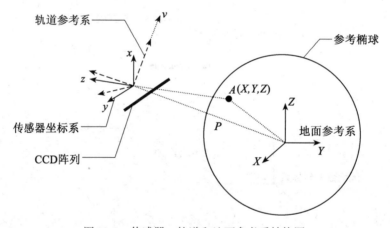

图 13-3　传感器、轨道和地面参考系结构图

由"物理"性质可以得出：卫星定向是相对于地面参考系的，它是卫星位置、速度和姿态角（或者轨道参数和姿态角）的非线性函数。PR 模型只用了三个旋转角度将这种关系简化。因此，从这种意义上说，PR 模型并不是真正的"物理"模型。

不同的卫星有着不同的轨道、姿态等物理属性，轨道参考系的形式和姿态旋转轴、旋转次序等也各不相同，所以其传感器模型的数学表达式也不相同。此前，传感器模型多是用卫星轨道和姿态的，但是表示方式多样。

$$\begin{pmatrix} x \\ y \\ -f \end{pmatrix} = \begin{pmatrix} d \\ y \\ -f \end{pmatrix} = \lambda \ [R_{\text{sensor}}^{\text{orbit}}]^{\text{T}} \ [R_{\text{orbit}}^{\text{ground}}]^{\text{T}} \begin{pmatrix} X - X_S \\ Y - Y_S \\ Z - Z_S \end{pmatrix} \qquad (13\text{-}4)$$

式中，$R_{\text{sensor}}^{\text{orbit}}$ 表示传感器坐标系到轨道参考系的旋转矩阵，可用姿态角表示；$R_{\text{orbit}}^{\text{ground}}$ 是指轨道参考系到地面参考系的旋转矩阵，这可以用卫星位置和速度（或是轨道参数）来表示；其他的符号均与 PR 模型中的含义相同。因此，x 坐标始终为常量。注意，上述方程依然满足共线方程的性质。

由于卫星轨道和姿态控制系统的信息可方便地获得，OA 模型在卫星领域得到了发展和应用。

13.2.3 线阵 CCD 传感器有理函数模型

物理传感器模型描述了真实的物理成像关系，所以这种传感器模型在理论上是严密的。在这类模型中，每个定向参数都有严格的物理意义，并且彼此是相互独立的，物理传感器模型是与传感器紧密相关的，因此不同类型的传感器需要不同的传感器模型。随着各种新型航空和航天传感器的出现，为了处理这些新型传感器的数据，用户需要改变他们的软件或者增加新的传感器模型到它们的系统中，这给用户带来诸多不便。另外物理传感器模型并非总能得到，物理传感器模型的建立需要传感器物理构造、成像方式以及各种成像参数，但是为了保护技术秘密，一些高性能传感器的镜头构造、成像方式及卫星轨道等信息并未被公开，因而用户不可能建立这些传感器的严格成像模型。传感器参数的保密性、成像几何模型的通用性以及更高的处理速度均要求使用与具体传感器无关的、形式简单的通用传感器模型可以取代物理传感器模型完成摄影测量处理任务。

在通用传感器模型中，目标空间和影像空间的转换关系可以通过一般的数学函数来描述，并且这些函数的建立不需要传感器成像的物理模型信息。常见的通用传感器模型有：有理多项式函数模型（Rational Polynomial Coefficient Model，RPC）、仿射变换模型（Affine Transformation Model，ATM）和直接线性变换（Direct Line Transformation，DLT）。通用传感器模型是在成像方程中剔除了物理参数的使用，这就使得方程与传感器或搭载平台无关。

下面主要介绍有理多项式函数模型（RPC）。

应用于 HRSI 的 RPC 模型提供了一种从像方到具有地理参考的物方坐标系的空间变换关系。实际的表达式被简化为关于标准化的行、列坐标（l_n，s_n）和标准化的经度、纬度、椭球高（U，V，W）的两个三次多项式的商的形式：

$$l = l_n L_S + L_0$$
$$s = s_n S_S + S_0$$
$$U = (\varphi - \varphi_0)/\varphi_S$$
$$V = (\lambda - \lambda_0)/\lambda_S$$
$$W = (h - h_0)/h_S$$
$$l_n = \frac{\text{Num}_L(U, V, W)}{\text{Den}_L(U, V, W)}$$
$$s_n = \frac{\text{Num}_S(U, V, W)}{\text{Den}_S(U, V, W)} \qquad (13\text{-}5)$$

其中：

$$\text{Num}_L(U, V, W) = a_1 + a_2 V + a_3 U + a_4 W + a_5 VU + a_6 VW + a_7 UW + a_8 V^2$$
$$+ a_9 U^2 + a_{10} W^2 + a_{11} UVW + a_{12} V^3 + a_{13} VU^2 + a_{14} VW^2$$
$$+ a_{15} V^2 U + a_{16} U^3 + a_{17} UW^2 + a_{18} V^2 W + a_{19} U^2 W + a_{20} W^3$$

这里，l 和 s 为像方的行坐标和列坐标；L_S 和 L_0 为行比例因子和平移因子；S_S 和 S_0 为相应的列比例、平移因子；φ，λ，h 代表的是经度、纬度、椭球高；φ_S，λ_S，h_S 以及 φ_0，λ_0，h_0 为相应的比例、平移因子。Den_L，Num_S，Den_S 的表达式的结构与 Num_L 相似，分别运用了 80 个 RPC 系数中的 a_i，b_i，c_i 和 d_i。

与常用的多项式模型比较，RFM 实际上是多种传感器模型的一种更通用的表达方式，它适用于各类传感器包括最新的航空和航天传感器模型。基于 RFM 的传感器模型并不要求了解传感器的实际构造和成像过程，因此它适用于不同类型的传感器，而且新型传感器只是改变了获取参数这一部分，应用上却独立于传感器的类型。根据以上特点，很多卫星资料供应商把 RFM 作为影像传递的标准。这种通用的传感器模型通常是用严格的传感器模型变换得到的。据报道，IKONOS 影像供应商首先解算出严格传感器模型参数，然后利用严格模型的定向结果反求出有理函数模型的参数，最后将 RFC 作为影像元数据的一部分提供给用户，这样用户可以在不知道精确传感器模型的情况下进行影像纠正以及后继的影像数据处理。与严格的传感器模型不同，有理函数模型不需要了解每一种类型成像传感器的物理特性，例如轨道参数和平台的定向参数，因此说 RFM 是一种通用的传感器模型。

13.3　LPS 卫星影像数据处理

本实验教材采用 ERDAS　LPS 9.1 版本分别对 RPC 模型和严格成像模型进行实验。

LPS（Leica Photogrammetry Suite）是徕卡公司推出的数字摄影测量及遥感处理系统。它为影像处理及摄影测量提供了高精度及高效能的生产工具。它可以处理各种航天（包括 QuickBird、IKONOS、SPOT5、ALOS 及 LANDSAT 等）及航空（扫描航片、ADS40 数字影像）的各类传感器影像定向及空三加密，处理各种影像格式（包括黑/白、彩色、多光谱及高光谱等）的数字影像。

13.3.1　RPC 实验

RPC 实验采用的是 ALOS PRISM 数据，严格成像模型采用的是 SPOT5 数据。步骤如下。

1. 新建工程

首先运行 ERDAS，打开 ERDAS IMAGINE9.1 主面板，如图 13-4 所示。

（1）运行 ERDAS IMAGINE9.1 的 LPS 模块，打开 LPS-Project manager 窗口，如图 13-5 所示。

（2）单击 File-Open 命令或工具条的 □ 图标打开 Create New Block File 对话框，选择存盘路径并键入块文件名：ALOS，单击 OK，系统默认文件扩展名为 .blk，再次单击 OK 退出。

（3）在打开的 Model Setup 对话框的 Geometric Model Category 栏下拉菜单中选择几何

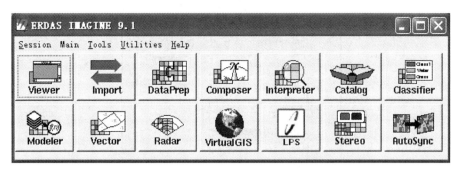

图 13-4　ERDAS IMAGINE9.1 主面板

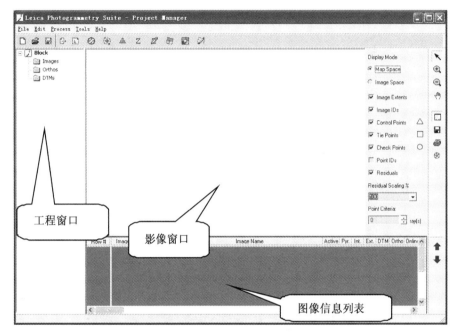

图 13-5　LPS-Project Manager 主窗口

模型类型为 Rational Functions，在 Geometric Model 栏中选择几何模型为 ALOS RPC（此处设置依自己获得的数据类型而定），单击 OK 退出。如图 13-6 所示。

（4）随后自动打开"Block Property Setup"对话框，如图 13-7 所示。

（5）单击 Horizontal 对话框中的 Set 按钮，打开 Projection Chooser 对话框，如图 13-8 所示。

单击 Standard 工具条，在 Categories 对话框下拉菜单中选择投影类型为 UTM WGS84 North，在 Projection 对话框中滑动竖直滚条，选择投影带为 TUM Zone 50（Range 114E-120E），当然，此处设置也是根据影像的投影类型和所在投影带设定的。

（6）单击 Custom 工具条，查看、设置投影信息，投影类型 UTM，参考椭球名 WGS84，坐标系名 WGS84，UTM 投影带 50，北半球。单击 OK 退出。

在 Vertical 对话框单击 Set 按钮，在弹出的 Elevation info Chooser 对话框设置如下参数：

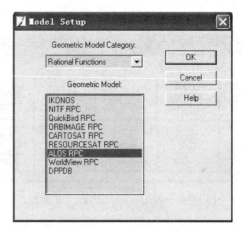

图 13-6 model setup 对话框

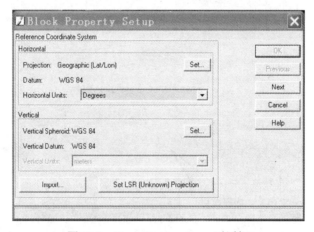

图 13-7 Block Property Setup 对话框

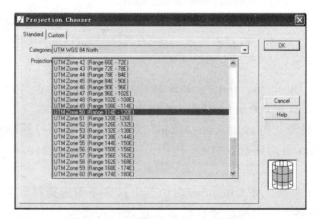

图 13-8 Projection Chooser 对话框

spheroid name：WGS84，Datum name：WGS84，Elevation Units：meters，Elevation Type：height，单击 OK 退出。

2. 添加影像

在 LPS-Project Manager 窗口单击 Edit \ Add Frame 命令打开添加文件对话框，文件类型设置为："ALOS PRISM JAXA CEOS（IMG-＊-ALPSM＊）"，选择要添加的影像，回车确定，单击 OK 退出。如图 13-9 所示。

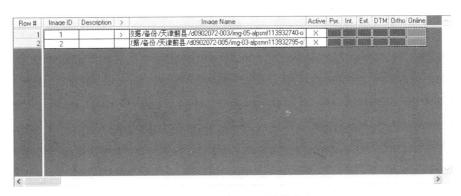

图 13-9　载入影像后的影像信息窗口

图中右侧的阵列代表工程的进度情况，绿色表示已经完成，红色表示还未进行。影像添加完毕。

3. 计算金字塔影像

单击 Editor-Compute Pyramid Layers 命令，弹出 Compute Pyramid Layers 窗口，选中 All Images Without Pyramids 单选框，单击 OK 确定，系统开始计算金字塔影像，完成后影像信息列表的 Pyr. 下的几个单元格变绿。

还可以通过单击 Pyr. 下的红色单元格实现这一功能。

金字塔影像是 LPS 软件基于二项式插值算法和高斯滤波，利用 ERDAS 的相关功能，对影像进行合并运算，并按合并像素个数不同分级，金字塔影像的最底层就是原始影像（图 13-10）。这样做既保留了必需的影像信息，又提高了对影像的后续运算速度而节约时间。

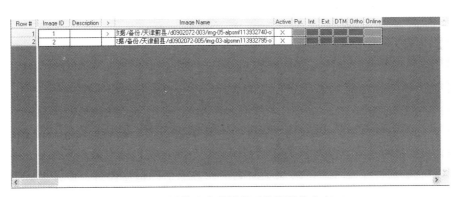

图 13-10　计算金字塔影像后的影像信息窗口

4. RPC 文件载入

单击 Edit \ Frame Editor 命令或工具条 命令按钮，打开 ALOS RPC Frame Editor 窗

口，载入相应目录下影像所对应的 RPC 文件（图 13-11）。点击 OK 退出。

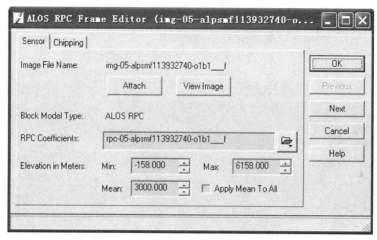

图 13-11　计算金字塔影像后的影像信息窗口

RPC 文件成功载入后，可看到影像信息列表的 Int. 和 Ext. 下的几个单元格变绿（图 13-12）。

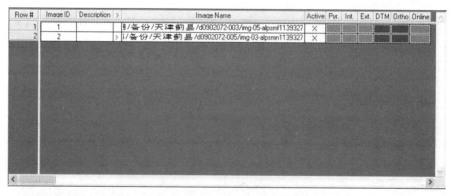

图 13-12　计算金字塔影像后的影像信息窗口

5. 量测控制点

单击 Edit-Point Measurement 命令或工具条上 ⊕ 命令按钮，开始量测控制点。在弹出的 Select Point Measurement tool 对话框中，选择想要的量测工具类型，单击 OK 退出。

弹出 Point Measurement 窗口，如图 13-13 所示。图中，控制点量测窗口由左右影像窗口、工具箱、影像选择窗口、控制点（加密点）地面坐标信息窗口、像片坐标信息窗口组成。LPS 的影像窗口对左右影像的概念并不敏感，我们可以不考虑影像的左右顺序，只需要使加载的两幅影像具有重叠区域，然后在重叠区域量测控制点即可。下面将介绍具体量测方法。

单击 Add 按钮，地面坐标信息窗口增加一行表格，点击相应表格输入一个控制点的坐标，依此顺序增加控制点信息。也可以直接导入控制点地面坐标，方法是：

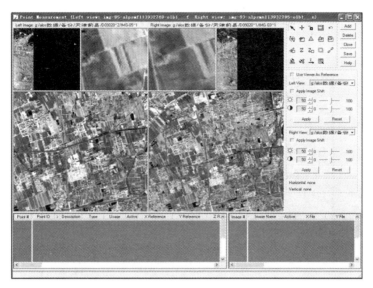

图 13-13 Point measurement 窗口

首先建立控制点文件，格式为：

点号 x y z

点号 x y z

……

点号 x y z

在工具箱单击 Import 按钮 ⊥，弹出 Import/Export Points 对话框，如图 13-14 所示。

选择 Import，文件类型为 ASCII，控制点类型为 Reference Points（3D），单击 OK 按钮，弹出选择文件路径对话框，选择控制点文件，单击 OK 退出。系统弹出 Reference Import Parameters 对话框，如图 13-15 所示。

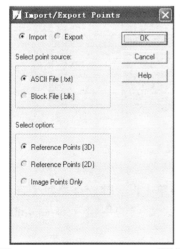

图 13-14 Import/Export Points 对话框

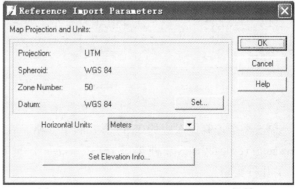

图 13-15 Reference Import Parameters 对话框

221

在此对控制点的坐标系类型等参数进行设置，系统默认显示的是建立工程师设定的坐标系，一般不需要改动。单击 OK 按钮，系统弹出 Import Options 对话框，如图 13-16 所示。

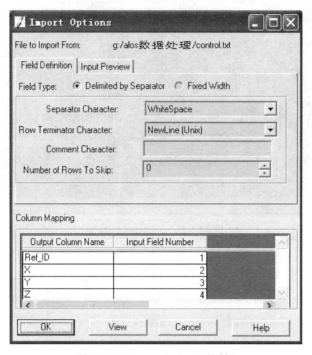

图 13-16　Import Options 对话框

在此对话框设置控制点文件格式，以使系统能正确读入控制点坐标信息，单击 Input Preview 选项卡预览导入的控制点文件的读入格式。设定完毕，单击 OK 按钮，系统读入控制点信息，并显示在控制点量测窗口下方的地面坐标信息列表中，如图 13-7 所示。

Point #	>	Description	Type	Usage	Active	X Reference	Y Reference	Z Reference
1			Full	Control	X	532415.300	4431637.173	15.168
	>		Full	Control	X	530596.844	4431636.042	13.268
3			Full	Control	X	529206.362	4431919.695	19.683
4			Full	Control	X	535023.843	4434258.331	14.454
5			Full	Control	X	533332.843	4428114.141	1.720
6			Full	Control	X	531866.955	4427919.064	6.379
7			Full	Control	X	527349.637	4431429.957	11.673
8			Full	Control	X	528663.908	4428406.290	19.736

图 13-17　地面坐标信息列表

单击某个控制点对应的 Type 下方的单元格，在弹出菜单中设置控制点类型（有 full/horizontal/vertical/none 几种类型），在 usage 下的表格中设置点的用途（有 control/tie/check 几种类型）。

下面要进行的就是量测控制点了，在点的地面坐标信息列表中的 Point#下面的单元格中单击，选中某一控制点（选中状态为黄色高亮显示），在左右影像窗口分别移动连接光

222

标，使控制点在影像上的对应点位居于细节图中间，工具栏单击加点图标 ✛，在左影像的细节图的控制点点位上单击，该点位上显示绿色十字丝和点号，表示刺点成功。依此在右影像上刺点。

第一个控制点量测完毕，这时在影像坐标信息列表分别显示了控制点在不同影像上的影像坐标，图 13-18 为某控制点在各张影像上的量测坐标，图 13-19 是该控制点的量测结果。

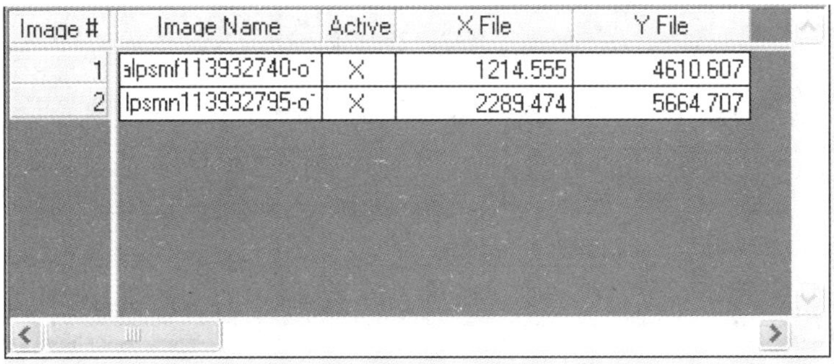

Image #	Image Name	Active	X File	Y File
1	alpsmf113932740-o˙	X	1214.555	4610.607
2	lpsmn113932795-o˙	X	2289.474	5664.707

图 13-18　像点坐标信息列表

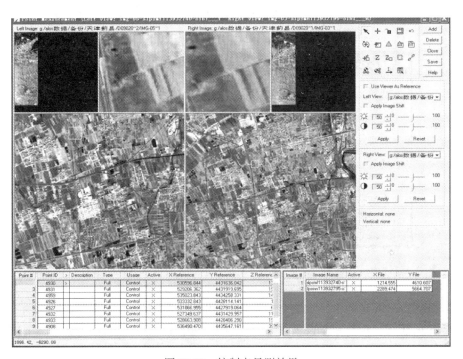

图 13-19　控制点量测效果

按照上述步骤继续量测其他控制点。

确定控制点信息无误后，点击窗口右上方的 Save 按钮保存。

6. 自动匹配

在 Point Measurement 窗口的工具箱点击 🖾（Automatic Tie Properties）命令按钮，打

223

开 Automatic Tie Point Generation 窗口，点击 General 功能条，在 Images Used 单选按钮中选中 All Available 选项；在 Initial Type 单选按钮中选中 Exterior/Header/GCP 选项；在 Image Layer Used for Computation 对话框中输入 1，表示利用金字塔影像的第一层进行计算以确保精度。如图 13-20 所示。

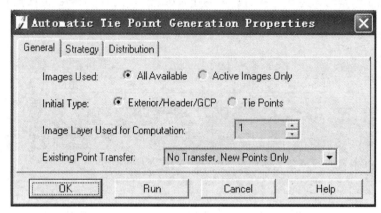

图 13-20　同名点匹配属性对话框（General 选项卡）

单击 Strategry 选项卡，在打开的属性页中设置相关参数，如图 13-21 所示。

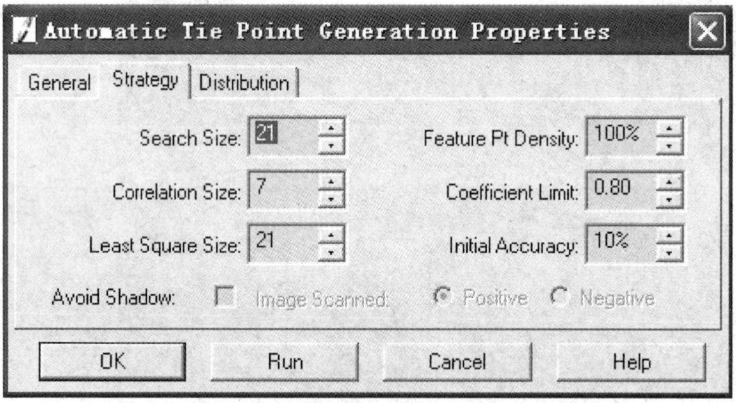

图 13-21　同名点匹配属性对话框（Strategry 选项卡）

单击 Distribution 选项卡，设置有关参数，如图 13-22 所示。

单击 Run 按钮，运行自动匹配。运行完成，弹出 Auto Tie Summary 窗口，显示自动匹配的相关信息，如图 13-23 所示。

单击 Report 按钮，可以用 ERDAS 的编辑器查看上述信息。如有需要，可以保存。

关闭 Auto Tie Summary 窗口，在 Point Measurement 窗口查看各匹配点是否可以接受。

单击 Save 按钮，保存。

7. 空中三角测量

在工具箱面板单击按钮 ⛿ 打开 Aerial Triangulation 参数设置窗口，如图 13-24 所示。

单击 General 选项卡，在此属性页中设置最大迭代次数和迭代收敛值。

224

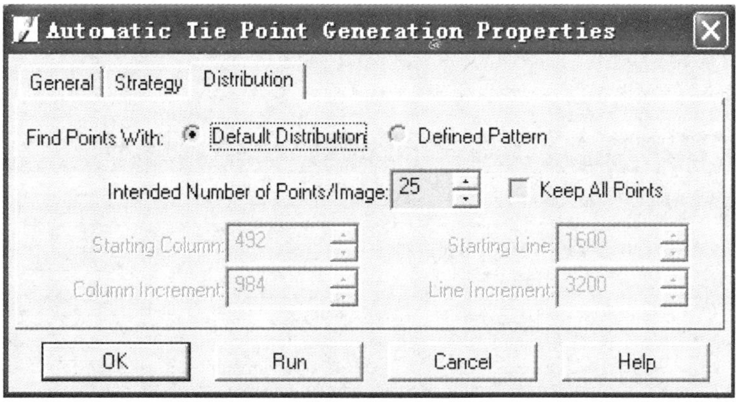

图 13-22　同名点匹配属性对话框（Distribution 选项卡）

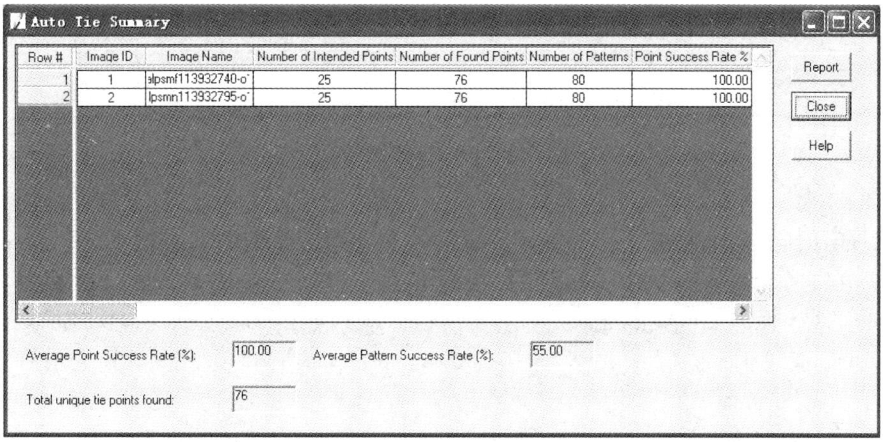

图 13-23　同名点匹配报告

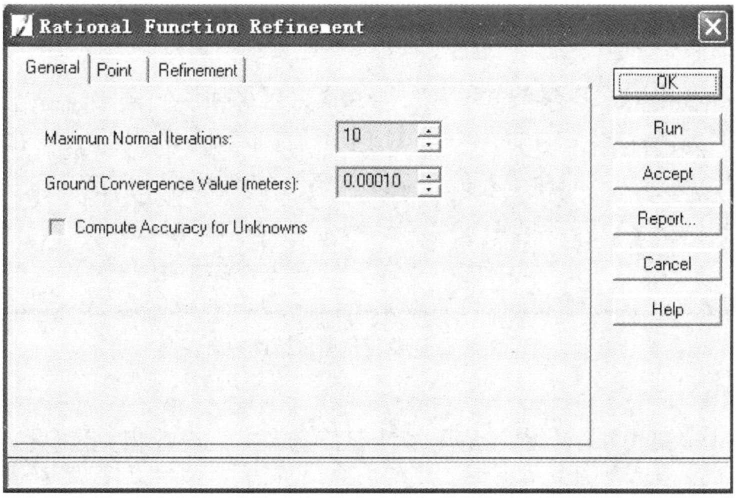

图 13-24　空中三角测量参数设置窗口（General 选项卡）

单击 point 选项卡，在此属性页中设置相关精度指标（图 13-25）：在 GCP type and standard deviations 对话框的 type 下拉菜单中选择 Same weighted values 选项，根据控制点精度设置控制点的标准差。

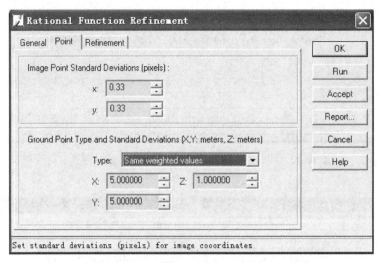

图 13-25　空中三角测量参数设置窗口（Point 选项卡）

分别打开其他几个属性页，根据实际情况设置相应的参数，这里就不一一介绍。

单击 Run 按钮，运行空中三角测量。

运行完毕，弹出 Triangulation Summary 窗口，显示三角测量基本信息，如图 13-26 所示。

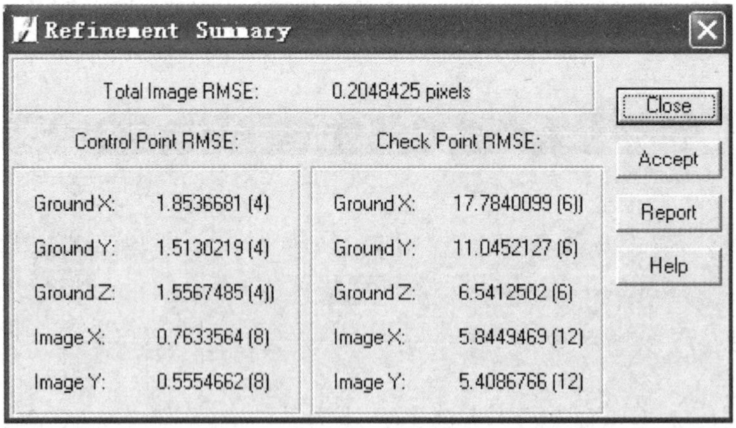

图 13-26　空中三角测量精度报告

单击 Report 按钮，打开空中三角测量详细信息文本，查看相关信息；检查详细信息后，如果结果可以接受，则退出报告。

在 Triangulation Summary 窗口点击 Update 更新，单击 Accept 接受计算结果，单击 Close 退出。接受计算结果后，匹配点的地面坐标显示在地面坐标信息列表中。如图 13-27

所示。

Point #	Point ID	>	Description	Type	Usage	Active	X Reference	Y Reference	Z Reference
20	4970			None	Tie	×	535009.607	4439985.077	164.117
21	4971			None	Tie	×	537887.978	4439209.362	171.979
22	4972			None	Tie	×	534520.432	4437503.188	172.465
23	4973			None	Tie	×	537143.790	4437073.043	54.826
24	4974		'	None	Tie	×	536711.763	4436961.008	63.749
25	4975			None	Tie	×	536478.873	4436987.777	45.714
26	4976			None	Tie	×	534124.928	4437493.550	71.688
27	4977			None	Tie	×	531052.473	4436091.416	159.286

图 13-27　地面点坐标信息列表

退出空三窗口。

单击图像窗口的各点位的红色方框或三角框（方框为匹配点，三角框是控制点），可以查看单个点的信息，如图 13-28 所示。

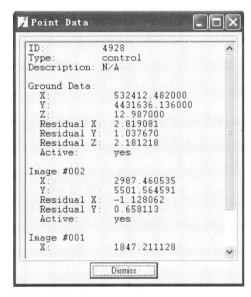

图 13-28　点信息窗口

空三完成以后，我们还可以在此窗口根据空三的结果生成 DEM 和正射影像，在这里就不做详细介绍，建议同学们在课下进行这两个实验操作。

13.3.2　严格成像模型实验

严格成像模型实验与 RPC 模型实验前面步骤基本相同，这里只描述步骤，示意图与前述相同。步骤如下：

1. 新建工程

（1）首先运行 ERDAS，打开 ERDAS IMAGINE9.1 主面板。

（2）运行 ERDAS IMAGINE9.1 的 LPS 模块，打开 LPS-Project Manager 窗口。

（3）单击 File-Open 命令或工具条的 🗋 图标打开 Create New Block File 对话框，选择

227

存盘路径并键入块文件名：SPOT5，单击 OK，系统默认文件扩展名为.blk，再次单击 OK 退出。

（4）在随后打开的 Model Setup 对话框的 Geometric Model Category 对话框下拉菜单中选择几何模型类型为 Orbital Pushbroom，在 Geometric Model 对话框中选择几何模型为 SPOT5，单击 OK 退出。

（5）随后自动打开 Block Property Setup 对话框。

（6）单击 Horizontal 对话框中的 Set 按钮，打开 Projection Chooser 对话框；单击 Standard 工具条，在 Categories 对话框下拉菜单中选择投影类型为 UTM WGS84 North，在 Projection 对话框中滑动竖直滚条，选择投影带为 TUM Zone 18（range 78W-72W），当然，此处设置也是根据影像的投影类型和所在投影带设定的。

（7）单击 Custom 工具条，查看、设置投影信息，投影类型 UTM，参考椭球名 WGS84，坐标系名 WGS84，UTM 投影带 50，北半球。单击 OK 退出。

在 Vertical 对话框单击 Set 按钮，在弹出的 Elevation Info Chooser 对话框设置如下参数：spheroid name：WGS84，Datum name：WGS84，Elevation Units：meters，Elevation Type：height，单击 OK 退出。

2. 添加影像

在 LPS-Project Manager 窗口单击 Edit \ Add Frame 命令打开添加文件对话框，文件类型设置为："SPOT DIMAP"，选择"scene01"目录下的 metadata. dim，回车确定，单击 OK 退出。

图中右侧的阵列代表工程的进度情况，绿色表示已经完成，红色表示还未进行。影像添加完毕。

3. 计算金字塔影像

单击 Editor-Compute Pyramid Layers 命令，弹出 Compute Pyramid Layers 窗口，选中 All Images without Pyramids 单选框，单击 OK 确定，系统开始计算金字塔影像，完成后影像信息列表的 pyr. 下的几个单元格变绿。

还可以通过单击 Pyr. 下的红色单元格实现这一功能。

金字塔影像是 LPS 软件基于二项式插值算法和高斯滤波，利用 ERDAS 的相关功能，对影像进行合并运算，并按合并像素个数不同分级，金字塔影像最底层就是原始影像。这样做既保留了必需的影像信息，又提高了对影像的后续运算速度而节约时间。

4. RPC 文件载入

单击 Edit \ Frame Editor 命令或工具条 ▒ 命令按钮，打开 ALOS RPC Frame Editor 窗口，载入相应目录下影像所对应的 RPC 文件。点击"OK"退出。

RPC 文件成功载入后，可看到影像信息列表的 Int. 和 Ext. 下的几个单元格变绿。

以下步骤与 RPC 模型实验相同，不再赘述。

13.4　MapMatrix 卫星影像数据处理

13.4.1　数据准备

本实验选用 IKONOS 卫星影像作为实验数据。在进行 IKONOS 定向之前，我们需要准备五种数据：

- 影像文件
- .rpc 文件
- WGS84 坐标系下的控制点文件
- 控制点点位图
- 本地坐标系下的控制点文件（该文件并非一定要有）

注意：MapMatrix 支持两种格式的 WGS84 控制点文件，一种是经纬度格式，一种是笛卡儿坐标系格式。MapMatrix 可以直接支持如下的坐标系：WGS84 坐标系，北京 54 坐标系，西安 80 坐标系，CGCS2000 坐标系。如果用户用的是其他的坐标系，用户需要同时给出控制点在当前坐标系下的坐标和 MapMatrix 支持的某一种坐标系下的坐标，MapMatrix 会根据给出的数据计算两种坐标转换的七参数。用户也可以直接提供两种坐标转换的七参数，进行坐标转换。

13.4.2 实验流程

1. 新建工程

双击 MapMatrix.exe，运行程序。点击 图标选择工程路径，然后点击"确定"，进入 MapMatrix 主界面。

2. 设置工程参数

点击根节点 IKNOS_TEST ，在右侧的属性窗口中会显示整个工程的属性。将测区类型设置为 RPC 参数。如图 13-29 所示。

测区类型	量测相机
地球曲率改正	量测相机
最大核线范围	非量测相机
成果投影到本地坐标系	SPOT5(轨道参数定位)
	RPC参数
使用高程基准	IKONOS\QUICKBIRD(多项式拟合)
控制点单位	SPOT等低分辨率卫星(多项式拟合)
输出成果的单位	ADS40
	3DAS1
限差	JAS150

图 13-29　设置 RPC 参数

3. 编辑控制点

点击根节点，然后点击快捷图标，控制点编辑窗口就会在界面中显示。在该界面中点击，导入 WGS84 控制点文件。如图 13-30 所示。

注意：控制点文件应该符合 MapMatrix 可导入的格式进行。第一行是控制点总点数，其余每行第一列是点号，然后依次是 X，Y，Z 方向的坐标。X 朝东，Y 朝北。如图 13-31 所示。

点击根节点，在属性窗口中设置投影坐标系为 WGS84 高斯椭球投影。如图 13-32 所示。

然后设置分带类型、投影带号、椭球信息等。如果用户不知道具体的参数，用户可以找到 RPC 文件，这些信息都在 RPC 文件里面包含了。如图 13-33 所示。

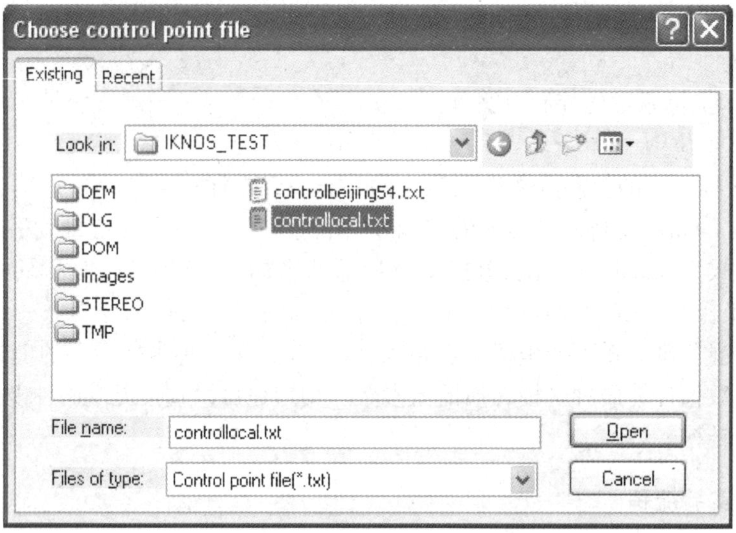

图 13-30　选择控制点文件对话框

```
13
9951 510131.616000 307316.424000 82.950000
9950 510443.206000 304256.199000 54.830000
9914 514539.665000 307901.488000 41.250000
9937 514826.740000 304625.221000 40.650000
9944 512220.086000 304231.680000 38.790000
9903 512252.191000 307483.673000 53.180000
9113 479342.285000 307611.391000 120.099000
9159 476102.880000 300710.185000 340.295000
9128 479141.818000 304270.696000 107.724000
9138 479486.214000 300738.554000 243.106000
9164 475404.042000 300821.380000 311.508000
9147 476170.323000 305141.772000 202.613000
9160 475475.828000 307325.804000 146.625000
```

图 13-31　控制点信息

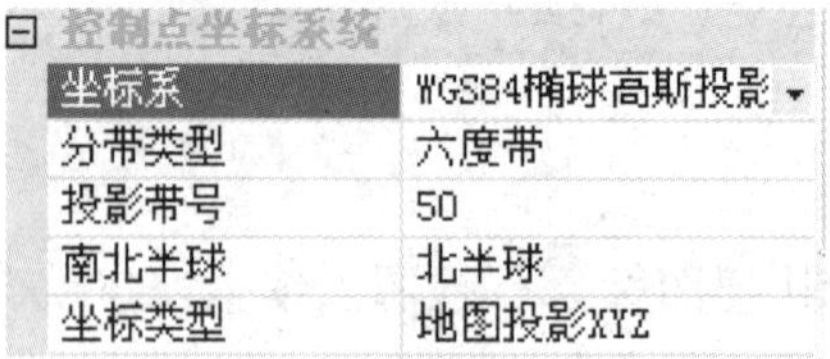

图 13-32　设置投影坐标

如图 13-34 所示，当前影像所在区域的经度是 116°E。

返回 MapMatrix 主界面。选择菜单命令工具→DEM/DOM 裁切。程序会弹出一个叫做 DEMX 的小程序。点击 📂，载入一张 DEM 或者 TIFF 影像，如图 13-35 所示。

单击 💿，弹出如图 13-36 所示对话框，选择基准面和投影带，设置东部偏移，找到 116°E 所在的投影带。以 UTM 投影为例，116°位于 N50 投影带。

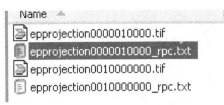

Name
epprojection0000010000.tif
epprojection0000010000_rpc.txt
epprojection0010000000.tif
epprojection0010000000_rpc.txt

图 13-33　读取 RPC 文件

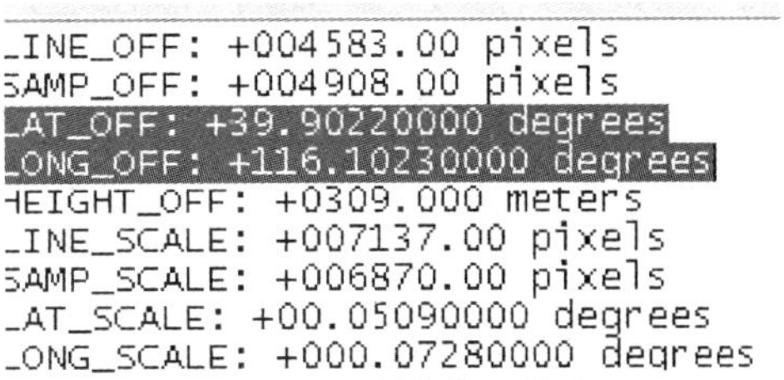
_INE_OFF: +004583.00 pixels
SAMP_OFF: +004908.00 pixels
_AT_OFF: +39.90220000 degrees
_ONG_OFF: +116.10230000 degrees
HEIGHT_OFF: +0309.000 meters
_INE_SCALE: +007137.00 pixels
SAMP_SCALE: +006870.00 pixels
_AT_SCALE: +00.05090000 degrees
_ONG_SCALE: +000.07280000 degrees

图 13-34　影像位置信息

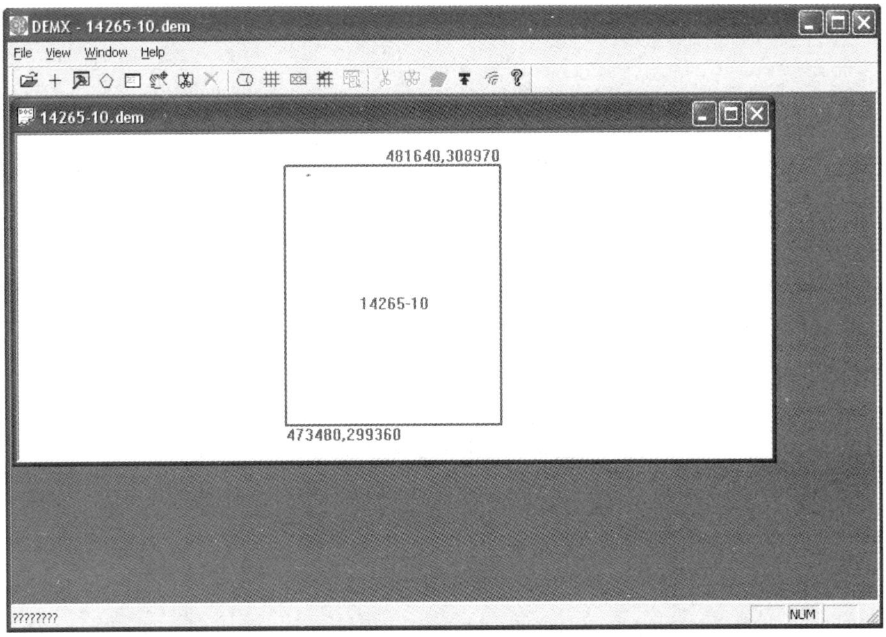
DEMX - 14265-10.dem
File View Window Help
14265-10.dem
481640,308970
14265-10
473480,299360
????????
NUM

图 13-35　载入影像

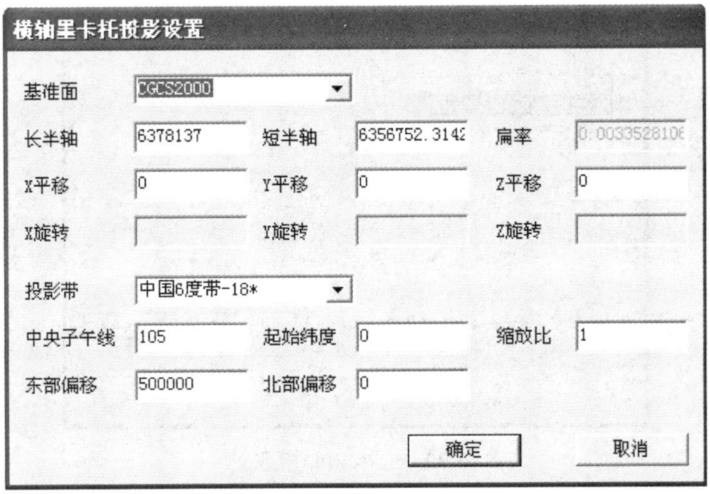
横轴墨卡托投影设置
基准面
CGCS2000
长半轴
6378137
短半轴
6356752.314
扁率
0.003352810
X平移
0
Y平移
0
Z平移
0
X旋转
Y旋转
Z旋转
投影带
中国6度带-18*
中央子午线
105
起始纬度
0
缩放比
1
东部偏移
500000
北部偏移
0
确定
取消

图 13-36　横轴墨卡托投影设置

返回主界面，将投影带信息添加到控制点属性窗口中。如图 13-37 所示。

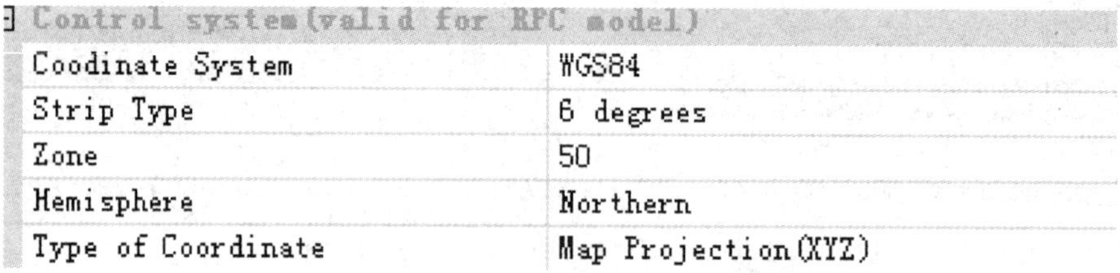

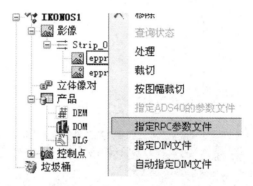

Control system(valid for RPC model)	
Coodinate System	WGS84
Strip Type	6 degrees
Zone	50
Hemisphere	Northern
Type of Coordinate	Map Projection(XYZ)

图 13-37　控制点属性栏

4. 添加影像

右键单击航带节点，在弹出的菜单中选择"添加影像"，添加相关的影像并排序。
右键点击一张影像，选择指定 RPC 参数文件，如图 13-38 所示。

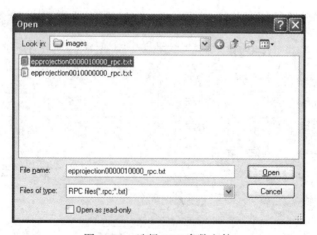

图 13-38　指定 RPC 参数文件

选择对应的 RPC 文件，点击确定。如图 13-39 所示。

图 13-39　选择 RPC 参数文件

按照同样的方法指定下一个影像的 RPC 参数。

5. 卫片模型置平

由于卫星拍摄影像时的姿态一般不是垂直于地面的，卫片组成的像对一般看来也是倾斜的。为了让卫星影像更符合人眼的视觉，方便以后的处理，我们建议先把卫星像对进行模型置平。右键点击根节点，在弹出的菜单中选择"创建立体像对"。MapMatrix 会自动生成立体像对。如图 13-40 所示。

图 13-40　创建立体像对

右键单击创建的立体像对，选择"卫片模型置平"。如图 13-41 所示。

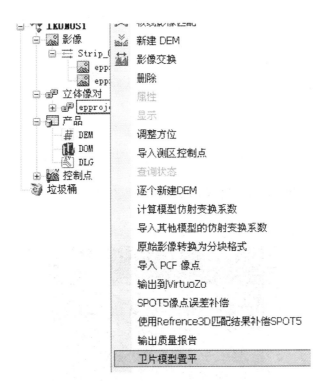

图 13-41　卫片模型置平

在弹出的对话框中，设置置平后影像的分辨率。如图 13-42 所示。
点击 OK，系统会自动进行置平计算。

6. RPC 空三

点击影像根节点，然后点击 RPC 空三，如图 13-43 所示。

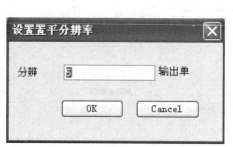

图 13-42　设置置平分辨率

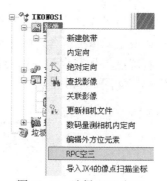

图 13-43　选择 RPC 空三

　　程序会弹出一个对话框，提示用户是否需要加载影像的像方改正数。如图 13-44 所示。如果用户是第一次做 RPC 空三，点击"否"。如果以前已经做过 RPC 空三，这次是进行修正，点击"是"。

图 13-44　是否加载像方改正数对话框

　　然后程序会进入 RPC 空三界面。点击 来预测控制点所处的大概位置。如果前面的参数设定都没有错误，界面上会显示点位和点号。如图 13-45 所示。

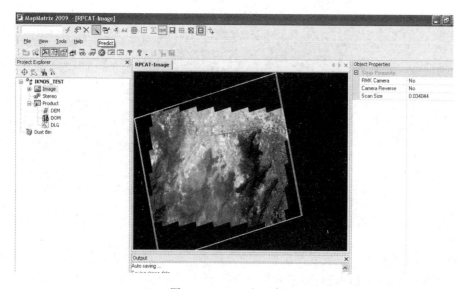

图 13-45　RPC 空三窗口

然后点击 拾取预测点。程序会弹出两个校准窗口。如图 13-46 所示。在校准窗口中点击 图标，然后可以对预测点进行编辑。用户可以使用 调整点位，点击 Z 键放大，点击 X 键缩小。

图 13-46　RPC 空三窗口

注意：如果用户退出了 RPC 空三界面，再进入 RPC 空三时，在弹出的对话框上点"是"，则原有的 RPC 空三成果会保存。

当添加了所有必需的点后，点击 来计算改正参数，如图 13-47 所示。

图 13-47　是否加载像方改正数对话框

当控制点添加完成之后，点击 图标进行测区改正。计算的结果会在界面下方的输出信息中显示。如图 13-48 所示。

如果误差没有超限，退出 RPC 空三，IKONOS 影像的定向完成；如果超限，继续进行定向，直到结果满足限差要求为止。

13.4.3　生成 4D 产品

定向完成后，4D 产品的制作过程参考 ADS40 处理过程，这里不再赘述。

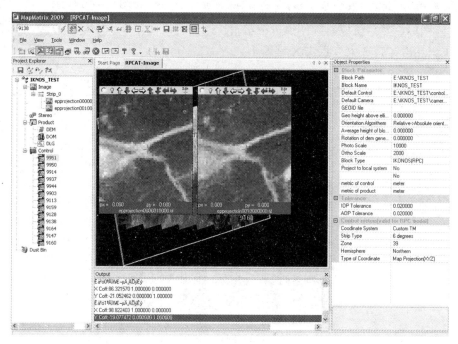

图 13-48　RPC 空三窗口

13.5　习　　题

1. 设计利用卫星影像生产 4D 产品的技术流程。
2. 列举利用卫星影像生产 4D 产品的相关技术规范或规定。